第二次全国农业污染源普查系列丛书

全国农业污染源形势分析

农业农村部农业生态与资源保护总站　编著

中国农业出版社
北　京

内 容 简 介

　　本书收集了我国从第一次全国污染源普查到第二次全国污染源普查（2007—2017 年）期间的农业污染、社会经济等数据资料，分析了这 10 年间我国总体、各地区以及各区域的农业污染源排放情况、成因和影响，总结了我国农业污染源治理现状及治理效果，分析了现阶段农业污染源防控中的不足，并提出了相应的对策和建议，以期为政府决策、科学研究及生产管理提供依据。

前　言

　　2021年2月21日，中央1号文件《中共中央　国务院关于全面推进乡村振兴加快农业农村现代化的意见》发布，这是我国"十四五"开局之年的中央1号文件，也是中央1号文件连续第十八年聚焦"三农"问题。党的十九届五中全会审议通过的《中共中央关于制定国民经济和社会发展第十四个五年规划和二〇三五年远景目标的建议》，对新发展阶段优先发展农业农村、全面推进乡村振兴作出总体部署，为做好当前和今后一个时期"三农"工作指明了方向。文件指出，"十三五"时期，现代农业建设取得重大进展，粮食年产量连续五年保持在1.3万亿斤以上，农业农村为党和国家战胜各种艰难险阻、稳定经济社会发展大局发挥了"压舱石"的作用，加快推进了农业现代化、构建现代乡村产业体系，推进了农业绿色发展。

　　我国作为农业大国，在资源约束趋紧的背景下，农业发展方式粗放的问题日益凸显。《全国农业现代化规划（2016—2020年）》指出，工业"三废"和城市生活垃圾等污染向农业农村扩散，耕地数量减少、质量下降、地下水超采、投入品过量使用、农业面源污染问题加重，农产品质量安全风险增加。因此，推动绿色发展和资源永续利用十分迫切。

　　2017年，农业部组织开展第二次全国农业污染源普查有关工作，摸清了农业污染源基本信息，了解和掌握了不同农业污染物的区域分布和产排情况，为农业环境污染防治提供了决策依据。普查重点包括种植业、畜禽养殖业、水产养殖业、地膜、秸秆等五个方面的污染源。本书系统分析了全国农业污染源的总体情况、成因、影响和我国农业污染源的治理现状、政策效果及存在的问题，并提出对策与建议。

　　本书的主要数据来源是国家及省级第二次全国污染源普查公报数据，结合第一次全国污染源普查结果（2007年）进行对比分析，其他的数据来源包括《中国统计年鉴》《中国农业年鉴》等，分别按产业（种植业、畜禽养殖业、水产养殖业）、省份/地区、区域（长江流域、黄河流域、粮食先进县、养殖大县）进行污染情况的分析。虽然本书在统稿过程中做了大量核对和技术处理工作，但仍难免有错漏之处。恳请各位专家和读者批评指正。

编　者

2021 年 9 月

目　录

执行摘要

农业是国民经济之根基，是关系国计民生和国家稳定的大事，也始终是全党工作的重中之重。改革开放以来，我国农业和农村经济取得了举世瞩目的成就，农作物产量稳步增加，农村基础设施不断完善，农村居民生活水平和质量实现了跨越式提高。但随着我国工业化、城镇化步伐的快速推进，我国农业生产面临诸多环境问题，如农药污染、化肥污染、畜禽粪便污染、土壤退化、生物多样性锐减等，这些环境问题给人类生产和发展造成了严重的威胁。近年来，我国农业生产中的土壤资源、水资源污染程度也日益严重，不但影响作物正常生长，阻碍农业经济的可持续增长，而且与人类对绿色无公害农产品的日益增长的需求背道而驰，甚至已经对人类身体健康产生了威胁。

随着国家对环境问题的日渐重视，我国城市污染与工业污染已逐步得到了有效控制和治理，但随着我国农业集约程度的不断提高，农业面源污染问题日益突出。由于我国农村环境保护问题长期被忽视，环境政策、环境基础设施投入明显落后于城市，农业污染长期积累，农业面源污染已经成为我国水体污染的主要原因之一。鉴于此，我国实施了一系列政策以应对农业面源污染。针对这种背景并结合我国当前的基本国情，本书结合两次污染源普查数据，在对农业发展概况分析的基础上，系统地阐述全国农业面源污染产生情况，深入探讨全国各省份、各区域农业面源污染防治的变化情况，并详细分析当前污染源变化形势，论述目前我国农业面源污染防治工作中存在的不足，提出相应的政策建议。通过本书的探讨，以期为实现乡村生态振兴和农业高质量发展提供理论参考。

1. 我国农业发展状况

回顾 2020 年，受新冠肺炎疫情冲击，世界发达国家经济出现明显负增长，但我国农业发展稳中向好。我国粮食作物播种面积基本保持稳定，粮食产量和单产不断增长和提高。与 2001 年相比：经济作物种植面积、单产稳中有增；园艺作物种植面积、单产均有显著增长；畜禽养殖业中除生猪产能大幅下降外，肉鸡、肉牛、肉羊产能增长明显；水产品产量稳定，捕捞量下降明显。

农业生产与生态环境保护是一个复杂的矛盾体。外界环境制约着农业生产，而农业生产又反作用于外界环境。当农业生产产生的影响改变了原有的环境面貌并对其产生负面效应时，就产生了农业污染。当前，我国农业仍然无法摆脱以农药、化肥的高投入为主要特征的窘态。尽管农药和化肥的施用在提高单产和劳动生产率等方面有显著正向作用，但也给脆弱的生态系统带来不可忽视的负向作用。我国畜禽养殖业和水产养殖业在快速发展过程中也会对环境造成危害。畜禽粪便中的污染物含量非常高，当污染物未经恰当处理排入环境时，势必会造成水体富营养化。

2. 全国农业污染源总体情况分析

对比分析第一次全国污染源普查（以下简称"一污普"）和第二次全国污染源普查（以下简称"二污普"）可知，我国农业产能显著增强，农业污染源（以下简称"农业源"）减排明显，总体减少了 393.20 万吨。其中化学需氧量（COD）减少了 256.96 万吨，减排效果最明显，占总减排量的 65.35%；减排较为明显的是总氮排放量，减少了 128.97 万吨，占总减排量的 32.80%；而总磷和氨氮减排效果相对较差，占总减排量不足 2%。

种植业污染排放特征。相较于一污普，二污普的种植业水污染物总量减少较为显著。地膜残留污染也是造成种植业污染的一大来源。相较一污普，二污普的地膜使用量和单位面积残留程度均呈现出快速增长趋势。为打好蓝天保卫战，也迫切需要解决秸秆焚烧问题。二污普期间的秸秆产生量呈现出缓慢下降趋势，可收集秸秆利用率高达 86.70%。

畜禽养殖业污染排放特征。与一污普数据对比，二污普畜禽养殖业水污染排放量为 1 072.13 万吨，同比下降 22.69%。其中总氮 59.63 万吨，下降 41.81%；总磷 11.97 万吨，下降 25.37%；COD 1 000.53 万吨，同比下降 21.11%。尽管粪尿产生量巨大，年产生量明显递增，但粪尿综合利用率显著上升。

水产养殖业污染排放特征。与一污普数据对比，二污普水产养殖业的总氮排放量占农业污染源总排放量的比例从 3.04% 上升至 7.00%，总磷从 5.48% 上升至 7.59%，COD 由 4.22% 上升至 6.24%。水产养殖业的水污染排放对农业源污染的贡献略微增大，但水产养殖业的单位产值排放强度有所下降。

3. 各地区农业污染源情况分析

种植业、畜禽养殖业以及水产养殖业在全国各地存在较为明显的差异。

各地区种植业污染排放对比情况。本书根据水污染物排放和气体污染物排放，分析了各省份种植业污染物的总氮、总磷、氨氮和 COD 的排放量及削减率，并与全国削减率进行对比分析，在此基础上计算各污染物的单位面积排放强度。除此之外，本书也对种植业生产中的地膜与秸秆两大难题进行了阐述，分析地膜及秸秆的使用情况和处置利用情况。

各地区畜禽养殖业污染排放对比情况。本书根据畜禽污染物,分析了各省份畜禽养殖业污染物的总氮、总磷、氨氮和 COD 的排放量及削减率,并与全国削减率进行对比分析,在此基础上计算各污染物头均排放强度。除此之外,本研究也对畜禽养殖业中粪尿的产生与利用进行了详细分析。

各地区水产养殖业污染排放对比情况。本书根据各省份水产养殖业所产生的总氮、总磷、氨氮以及 COD 数据,分析各省份污染物产生的具体情况。同时,与一污普对比,分析水产养殖业各类污染排放量的削减程度以及增长率,计算单位产量的污染物排放强度,并在此基础上进行对比分析。

4. 区域农业污染源情况分析

长江流域是主要的磷排放区域,主要与三磷产业(磷矿、磷化工、磷石膏库)有密不可分的关系。黄河流域水质较差,COD 占比最高,主要原因有黄河流域水土流失严重、工业企业污水排放、流域生活及农业污水排放。黄河已经形成由工业点源污染转变为工业、农业、生活三方污染源交织的现状,污染结构和污染因子多样并存。

5. 全国农业污染源形势变化成因分析

构建对数平均迪氏指数法(LMDI)模型定量分解农业污染的驱动因素,并计算农业污染各驱动因素的贡献值。2007—2017 年总氮排放的总效应为 −107.72 万吨,减排 43.34%,减排效果最好;总磷排放的总效应为 −7.20 万吨,减排 25.54%,减排效果较好;COD 排放的总效应为 −253.78 万吨,减排 19.41%,减排效果较好。基于 LMDI 模型对四种污染物排放驱动因素进行计算,其技术进步效应和结构调整效应均为负值,经济增长效应和人口规模效应均为正值。因此,技术进步和结构调整分别是减少农业污染物排放的主要和次要因素,经济增长和人口规模的增加分别是污染物排放量提升的主要和次要因素。

6. 全国农业污染源形势变化的影响分析

农业是国之根本,是人类经济与自然联结的重要交叉点,不仅关系着国民经济发展、国家粮食安全,还具有调节大气、维持生物多样性、防止水土流失、实现人与自然和谐相处的生态功能。但近年来,化肥、农药的过量及不合理使用,秸秆、畜禽粪污、地膜等农业废弃物的不当处置,成为农业环境污染的重要来源,进而对生态环境和社会经济产生不良影响。

生态环境方面,农业面源污染已经成为我国水污染的重要来源,并且对耕地环境的威胁日益突出。水环境主要受化肥流失、畜禽粪便排放和水产养殖尾水的影响,氮、磷通过淋溶、径流等进入自然水环境，造成地表水富营养化和地下水硝酸盐污染；对土壤的影响主要体现在由化肥、农药、地膜以及畜禽粪便中有毒有害物质的残留和累积造成的土壤污染，以及由化肥过量施用、地膜残留造成的土壤结构的改变；对大气的影响主要体现在农田施肥、畜禽粪便产生的挥发性恶臭气体以及秸秆焚烧产生的大气污染物。

经济社会方面，化肥和农药的低效使用造成浪费，增加了农业生产成本；秸秆、畜禽粪污等农业废弃物的不当处置造成了资源的巨大浪费；地膜残留影响土壤性状，阻碍作物生长，影响作物产量和产值。而农药和化肥的不合理使用，不仅影响农产品的品质，还会通过食物链的富集和放大效应，对人类健康造成威胁。

7. 全国农业污染源治理现状及政策效果分析

2015 年 5 月 20 日，《全国农业可持续发展规划（2015—2030 年)》发布，对防治农田污染、综合治理养殖污染提出了管理措施及目标任务。2018 年 11 月 6 日，《农业农村污染治理攻坚战行动计划》发布，提出深入推进农业投入品减量化、生产清洁化、废弃物资源化、产业模式生态化，到 2020 年实现"一保两治三减四提升"。2021 年 3 月 23 日，《农业面源污染治理与监督指导实施方案（试行）》发布，提出完善政策机制，健全法律法规体系，完善标准体系，优化经济政策并建立多元共治模式；加强监督管理，开展农业污染源调查监测，评估农业面源污染环境影响，加强长期观测，建设监管平台；推进污染防治，推进重点区域污染防治，建立技术库，并加大投入力度，培育市场主体，提升科技支撑等。"十三五"以来，农业绿色发展取得新进展，全国化肥和农药使用量连续四年实现负增长，畜禽粪污综合利用率达到 75%，秸秆综合利用率、农膜回收率分别达到 86.7% 和 80%，全国耕地质量较 2014 年提高 0.35 个等级。

8. 全国农业污染源防控中的主要问题

尽管我国农业污染源防控整体上有了明显提高，但目前取得的成效仍与规划的理想目标存在一定差距。主要面临四大问题：一是农业污染源防控边缘化，缺乏专门针对农村环境保护的法律，农业环境问题面临"无法可依"的现状；二是农业面源污染防控意识不强，农民追求短期经济效益、环保知识匮乏，使得防控措施落地困难；三是农业环境污染防治技术研发困难，鲜有先进技术的实际研发和推广，污染防控的人力、物力、财力投入严重不足，延续"谁污染、谁治理"的政策，农民承担生产投入的同时再承担污染防治投入难以实现；四是缺乏有利于农业污染防控的经济与政策激励机制，现行防控措施尚未形成产前-产中-产后生产资料科学有效的运转机制，现行经济政策激励机制未充分考虑全生命周期的治理。

9. 全国农业污染源防控对策与建议

目前，我国在农业污染源防控方面的诸多问题使得我国农业生态环境日趋恶劣。从整体来说，需要完善农业污染源防控的法律法规体系，包括构建农用地膜污染防治、农业面源污染防治、农业生态补偿机制的法律法规体系，加强宣传教育工作，增强农民的环保意识；需要进一步加大农业污染源防控的投入力度，通过产权激励、市场激励和政府激励三方制度，拓展资金渠道；需要创新多方位的农业环境防控机制，包括构建农业绿色发展制度体系、需求激励制度及多元环保投入制度体系。从具体来说，农业污染源防控分为治理路径和防控原则两部分，本书分别对种植业、畜禽养殖业、水产养殖业的治理对策展开论述。

1 全国农业发展现状与展望

1.1 农业在全国的重要地位

我国是全球最大的发展中国家，也是一个农业大国。我国农村人口（55 162 万人，2019 年）占全国总人口（140 005 万人，2019 年）的 39.4%（刘爱华等，2020）。民族要复兴，乡村必振兴。中共中央在 1982—1986 年连续五年发布以农业、农村和农民为主题的中央 1 号文件，2004—2021 年又连续十八年发布以"三农"为主题的中央 1 号文件，强调了"三农"问题在中国社会主义现代化时期"重中之重"的地位，对于实现两个百年奋斗目标的全面胜利和实现全体人民共同富裕至关重要。2021 年 2 月 21 日，《中共中央　国务院关于全面推进乡村振兴加快农业农村现代化的意见》正式发布。

农业是国之根本，我国农业在国民经济中占有重要地位。我国第一产业生产总值达 70 466.7 亿元，占国内生产总值（990 865.1 亿元）的 7.1%（刘爱华等，2020）。农业是经济发展的"压舱石"，是关系国计民生的根本性问题。中央经济工作会议强调，要解决好种子和耕地问题，稳定粮食种植面积及产量，为我国粮食及重要农产品供给提供保障。

农业基本盘是"三农"的基础，农业的高质高效发展在补全"三农"领域突出短板、推动乡村振兴、打赢脱贫攻坚战进程中发挥重要作用。2019 年第一产业就业人员为 19 445 万人，占总就业人员（77 471 万人）的 25.1%（刘爱华等，2020），有效开发了农业市场，发展富民乡村产业，促进农业全产业链生成，有利于增强集体经济实力，带动农民增收，开创"三农"工作新局面。

农业生产关系粮食安全，确保粮食安全是治国理政的头等大事。面对日益复杂的国内外形势，确保粮食和农业安全，夯实稳住农业基本盘，守好"三农"基础，对于统筹发展和安全，为我国发展创造稳定环境至关重要。2019 年，我国粮食产量达到 66 384.3 万吨，是 1978 年年产量的 2.17 倍，年增长率为 1.92%；人均粮食产量 472 千克，较 1978 年增长了 48.0%（1978 年为 319 千克）（刘爱华等，2020）。2020 年全国粮食总产量为 13 390 亿斤[*]，比上年增加 113 亿斤，增长 0.9%，产量连续六年保

---

[*] 斤为非法定计量单位，1 斤＝0.5 千克。——编者注

持在 1.3 万亿斤以上。2021 年，我国粮食生产已经实现"十八连丰"。稳固的农业基础为粮食和重要农产品的供应提供有力保障，牢牢守住粮食安全的底线，保护人民群众"舌尖上的安全"。

农业建设推动对外开放。作为农业大国，农产品贸易在我国与区域全面经济伙伴关系（RCEP）成员国的贸易中占重要地位。当前，我国人民对农产品的消费需求越来越高，不能完全自给自足，我国迫切需要扩大农业对外开放（刘华辉等，2021）。开启农业对外开放新格局，提高农产品的国际竞争力，促进特色优势农产品、高附加值农产品出口提升，有利于支持我国农业走出国门，深化与"一带一路"沿线国家和地区农产品贸易关系，加强"一带一路"农业国际合作，提升农业对外合作水平，培育具有国际竞争力的大粮商和农业企业集团，推动我国对外开放进程。

绿色农业助力环境保护。党的十八大以来，生态文明建设成为统筹推进"五位一体"总体布局和协调推进"四个全面"战略布局的重要内容。形成绿色发展方式是解决污染问题的根本之策，农业以高质量绿色发展为导向，推动农村生产生活方式绿色转型，由过度依赖资源消耗、主要满足量的需求，向追求绿色生态可持续、更加注重满足质的需求转变，构建可持续发展的绿色生产方式，在我国的生态文明建设中地位显著。畜禽粪污资源化利用行动、果菜茶有机肥替代化肥行动、东北地区秸秆处理行动、农膜回收行动和以长江为重点的水生生物保护行动等农业绿色发展五大行动使得农村生态环境得到明显改善。2019 年农用化肥使用量 5 403.6 万吨，比 2015 年下降 10.28%；农药利用率比 2017 年提高 1%（刘爱华等，2020），相当于减少农药原药使用量近 3 万吨，减少生产投入约 17 亿元，在一定程度上提高了社会综合效益。

1.2 全国农业发展回顾分析

1.2.1 种植业发展概况

（1）粮食作物

粮食作物是我国的主要农作物。2020 年全国粮食播种面积 11 676.8 万公顷（175 152 万亩[*]），占农作物总播种面积的 69.70%（图 1-1）。粮食单位面积产量 5 734 千克/公顷（382 千克/亩），粮食总产量 66 949 万吨（13 390 亿斤），其中稻谷、小麦、玉米三大作物分别占粮食作物总产量的 31.64%、20.05%、38.94%（图 1-2）。改革开放以来，粮食作物播种面积基本保持稳定，粮食产量和单产不断增长和提高（图 1-3）。

---

* 亩为非法定计量单位，15 亩＝1 公顷。——编者注

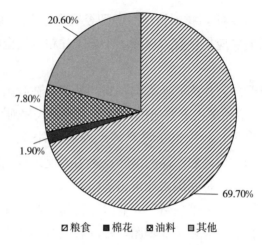

图 1-1　2020 年全国农作物播种面积

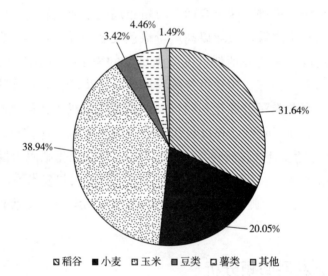

图 1-2　2020 年主要粮食作物产量

改革开放以来，我国先后取消粮食统购统销，放开粮食市场，实行粮食最低收购价等支持政策，实施"藏粮于地、藏粮于技"战略，我国粮食综合生产能力稳中向好。1980 年、2000 年、2020 年粮食产量分别为 32 056 万吨、46 218 万吨、66 949 万吨，1980—2020 年期间年均增长 3.40%。从"十五"到"十二五"，我国粮食产量飞速增长，而"十三五"（2016—2020 年）期间，粮食总产量增长放缓，连续五年稳定在 6.5 亿吨以上（图 1-4）。同一时期，农业基础建设快速推进。新建一批旱涝保收的高标准农田，耕地质量有所改善。截至 2020 年，农田有效灌溉面积达到 6 910.2 万公顷，占农作物总播种面积的 41.25%。科技支撑水平显著增强。2019 年农业科技进步贡献率达到 59.2%，农业机械总动力达到 10 亿千瓦，主要农作物耕种收综合机械化率超过 70%。农业化肥施用量有所减少。2000—2015 年，我国农业化肥施用量增长迅速，2015 年高达 6 023 万吨。"十三五"期间化肥施用量呈现明显下降趋势（图 1-5）。

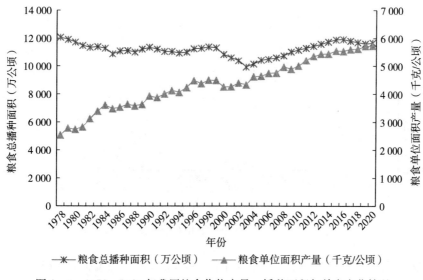

图 1-3　1978—2020 年我国粮食作物产量、播种面积与单产变化情况

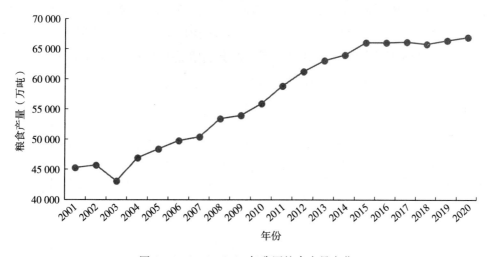

图 1-4　2001—2020 年我国粮食产量变化

（2）经济作物

经济作物[①]是工业，特别是轻工业发展的重要原料，是农民家庭收入的重要来源。改革开放以来，我国经济作物在种植业中所占比重逐步增加。2020 年，我国经济作物油料、棉花、麻类、糖料和烟叶的种植面积分别为 1 312.9 万公顷、316.9 万公顷、4.6 万公顷（2018 年）、157 万公顷和 105.8 万公顷（2018 年），其中油料和棉花

---

① 根据《中国农业年鉴》的分类标准，经济作物包括棉花、油料、麻类和糖料等。

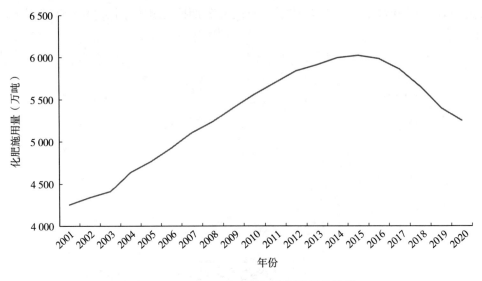

图 1-5 2001—2020 年我国化肥施用量情况

在经济作物中占比较大，各占总播种面积的 7.8% 和 1.9%。2020 年棉花、油料、麻类、糖料和烟叶产量分别为 591.0 万吨、3 586.4 万吨、24.9 万吨、12 014.0 万吨和 213.4 万吨（图 1-6）。2018 年，我国经济作物油料、棉花、糖料、麻类和烟叶的单产分别为 2 677 千克/公顷、1 819 千克/公顷、73 554 千克/公顷、3 585 千克/公顷和 2 118 千克/公顷，与 2001 年相比，油料、棉花和糖料单产分别增加了 1.4 倍、1.6 倍和 1.4 倍，麻类和烟叶的单产分别增加了 69.9% 和 20.4%。

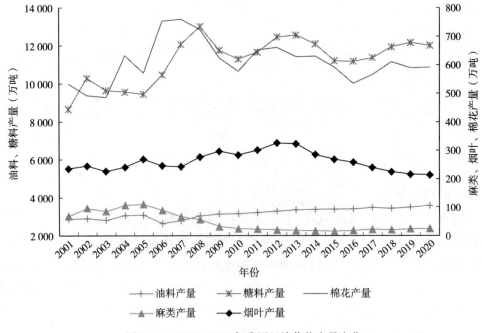

图 1-6 2001—2020 年我国经济作物产量变化

从全国区域分布来看，棉花生产主要集中在新疆、山东、河北、湖北等省份，其中新疆产量最高；油料生产主要集中在河南、湖北、山东、四川等省份，其中河南是我国花生产量最高的省份，湖北是油菜籽产量最高的省份；糖料生产主要集中在广西、云南、广东、新疆、海南等省份，其中广西是甘蔗产量最高的省份，新疆是甜菜产量最高的省份。

（3）园艺作物

①蔬菜产业。蔬菜产业是农业的重要组成部分，其发展可促进农业结构的调整，优化居民的饮食结构，增加农民收入，提高人民的生活水平。我国既是蔬菜生产大国，又是蔬菜消费大国，蔬菜是除粮食作物外栽培面积最广、经济地位最重要的作物。经过改革开放 40 多年的发展，2020 年我国蔬菜种植面积达到32 226万亩（图 1-7），产量达到 74 912.9 万吨（图 1-8），人均占有量达到530.62 千克，均居世界第一位。在当前市场开放、菜源扩大、品质增多的情况下，消费者对蔬菜品质的要求越来越高，绿色蔬菜、有机蔬菜等高品质蔬菜受市场受欢迎程度日益增加，蔬菜生产由数量向质量转型。因此，蔬菜总量在结构性、区域性、季节性方面明显过剩的情况下，以质取胜成为蔬菜种植行业再上新台阶的出路。

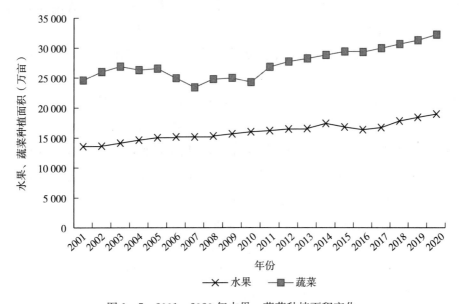

图 1-7 2001—2020 年水果、蔬菜种植面积变化

随着蔬菜产业结构的调整和优化，区域化布局基本形成，产业化经营进一步发展，流通体系建设进一步加强，主要以保证新鲜蔬菜的全年供应取代淡季蔬菜供不应求的状况。从全国范围看，山东、河北、辽宁等区域形成蔬菜产业集群，蔬菜产品销往国内各大市场。虽然我国是蔬菜生产第一大国，但生产技术水平与国外相比仍有较

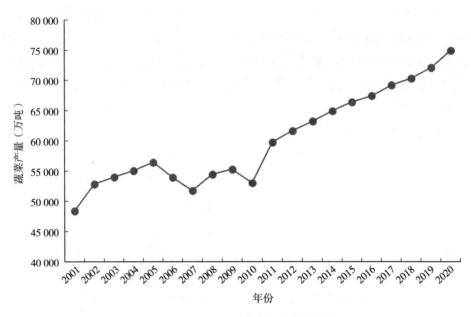

图 1-8　2001—2020 年蔬菜产量变化

大差距，如蔬菜种植产业现代化水平不高、蔬菜标准化体系不完整。

根据国家统计局公布的各省蔬菜种植面积统计数据，我国设施蔬菜产业主要集中在环渤海和黄淮海地区，约占全国总面积的 60%；然后是长江中下游地区和西北地区，占比分别是 20%、7%。随着全国蔬菜产业结构调整优化，山东、辽宁、河北等省份已经成为蔬菜产业集中地。

②水果产业。我国是世界上最大的水果生产国，居全球 13 个水果产量超 1 000 万吨的国家之首，世界上主要的热带水果大部分都是我国大宗的品种。我国果品总面积和总产量一直稳居世界第一。同时，我国的果品质量和产业化种植在国内外市场前景广阔，并且水果产业是具有较高国际竞争力的优势农业产业，也是许多地方经济发展的亮点和农民致富的支柱产业之一。

与 2001 年相比，2020 年我国水果总播种面积增长了 5 405.2 万亩，其中广西新增 100.7 万亩。我国热带、亚热带水果主要分布在华南地区。柑橘、枇杷等亚热带水果能耐轻寒，一般只分布在秦岭-淮河以南地区。秦岭-淮河以北的温带地区则盛产苹果、梨、柿子、葡萄等温带水果（朱莉静，2015）。

2001—2020 年，我国水果产业继续保持快速发展的趋势。2020 年我国国产水果总产量达到 2.9 亿吨，比上一年增长 4.7%（图 1-9）。主要水果苹果、香蕉、柑橘、梨产量一直保持着递增的趋势（图 1-10）。

③茶叶产业。自改革开放以来，我国的茶叶生产一直稳步扩大，茶园面积和茶叶产量均表现出持续增长态势。据《中国农业年鉴 1978—2020》显示，2019 年末我国

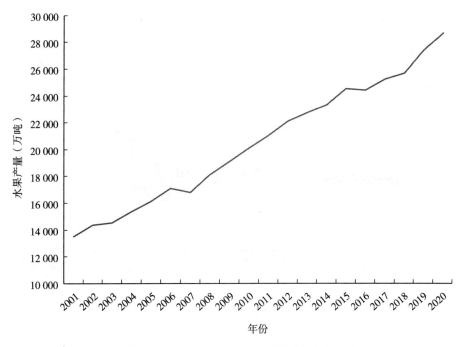

图 1-9　2001—2020 年水果总产量变化

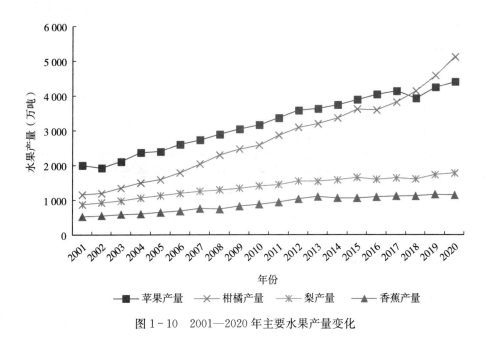

图 1-10　2001—2020 年主要水果产量变化

实有茶园面积 310.5 万公顷，2020 年茶叶总产量 293.2 万吨，与 2001 年相比，茶园面积和茶叶总产量分别增加了 2.7 倍和 4.2 倍（图 1-11、图 1-12）。尤其是在 2006 年以后，我国茶叶产业发展蓬勃。

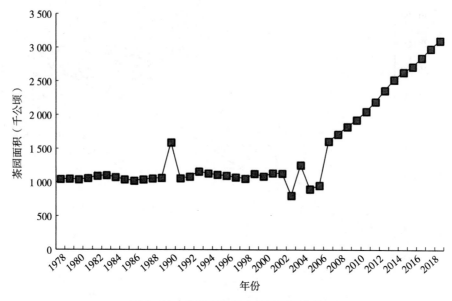

图 1-11　改革开放以来茶园面积变化

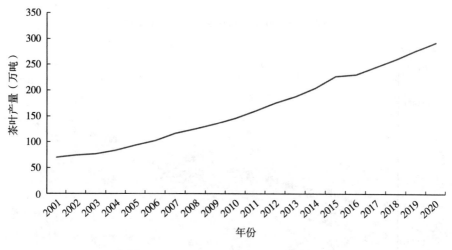

图 1-12　2001—2020 年茶叶产量变化

1.2.2　畜禽养殖业发展概况

（1）生猪产业

2019 年，受"猪周期"下行、非洲猪瘟疫情冲击、部分地方不当禁养限养等因素叠加影响，生猪产能大幅下降。2019 年末，全国生猪存栏 31 041 万头，同比下降 27.05%；全年生猪出栏 54 419 万头，同比下降 21.57%；猪肉产量 4 255 万吨，同比下降 21.26%。生猪存栏、生猪出栏及猪肉产量同比降幅均创近 40 年新高。农业农村部监测数据显示，2019 年 12 月生猪存栏同比下降 37.7%，能繁母猪存栏同比下降

31.40%，均创有数据以来历史最大降幅。

（2）肉鸡产业

肉鸡生产大幅增长，产能居历史高位。中国畜牧业协会监测数据显示，2019年白羽肉鸡累计更新祖代肉种鸡122.30万套，更新数量较上年增长64.10%；祖代平均存栏139.30万套，较上年增长20.60%，其中在产祖代平均存栏78.80万套，较上年增长3.68%；父母代平均存栏5 144万套，较上年增长12.37%。2019年黄羽肉鸡累计祖代肉种鸡平均存栏209.60万套，较上年增长6.40%，其中在产祖代平均存栏146.60万套，较上年增长6.39%。同时，肉鸡出栏和鸡肉产量均有所增长。白羽肉鸡和黄羽肉鸡总出栏89.44万只，较上年增长13.20%；白羽肉鸡和黄羽肉鸡鸡肉总产量为1 403.87万吨，较上年增长11.40%。

（3）禽蛋产业

鸡蛋产能提升明显，蛋价及淘汰鸡价格高位盘整。受非洲猪瘟疫情影响，猪肉供给不足及价格大幅上涨推动了鸡蛋生产和消费。2019年，我国鸡蛋产量达到2 812.65万吨，同比增长5.78%，提升幅度高于同期水平。

（4）肉牛产业

牛肉产量同比增加，牛源供求依然趋紧。2019年，牛肉产量总体呈小幅增长态势。肉牛出栏4 534万头，同比增长3.10%；牛肉产量667万吨，同比增长3.56%。肉牛存栏量小幅增加，增幅为2%～3%；能繁母牛存栏小幅增加，增幅在1%以内；贫困县、粮改饲试点肉牛及能繁母牛存栏明显增加。部分地区持续实施的"稳（减）羊增牛""小畜换大畜"等政策措施，对扩大肉牛生产规模发挥了一定作用。

（5）肉羊产业

肉羊养殖积极性高，生产规模持续增长。2019年，羊肉产量达到488万吨，较上年增长2.74%。养殖场生产积极性普遍提高，存栏量和出栏量增加。全国羊出栏31 699万只，较上年增加688万只，增长2.22%；年末羊存栏30 072万只，较上年增加359万只，增长1.19%。同时，羊肉产量在肉类中的占比也有所提升。

1.2.3 水产养殖业发展概况

水产品产量稳定，捕捞量下降明显。2019年1月，随着海河、辽河、松花江和钱塘江四个流域禁渔期制度发布，7个重点流域实现禁渔期全面覆盖，水产品捕捞产量进一步下降。

虽然我国水产养殖业发展曲折，但是逐步解决了水产品短缺和供给不足的问题，取得了巨大成就。《2020中国渔业统计年鉴》数据显示，2019年水产品养殖产量达到5 079.0万吨，占水产品总产量的比例从1954年的16.8%增长到2019年的78.4%。2019年渔业总产值达12 934.49亿元，占农林牧渔业总产值的比例从1978年的1.6%

上升到 10% 以上，为我国农业经济发展和成为全球最大的鱼和鱼产品生产国和出口国作出了巨大贡献。2018 年全国居民人均水产品消费量达到 11.4 千克，是 1952 年的 4.2 倍，改善了我国人民的食品消费结构。水产养殖业发展的推动力始终与缓解捕捞业带来的资源压力及满足人们的食品需求密切相关。1986 年颁布的《中华人民共和国渔业法》，正式确定了"以养殖为主"的政策。1988 年，我国水产品养殖产量达到 639 万吨（调整后产量），占总产量的 52.2%，实现了"以养殖为主"的历史性转变。20 世纪 90 年代中后期，水产品市场发生根本性转变，出现结构性供给过剩，渔业资源衰退和水环境问题日益突显，人们对安全质优水产品的需求上升。此后，水产养殖业发展政策逐渐从关注数量增长转向关注质量提升。2013 年，国务院发表《关于促进海洋渔业持续健康发展的若干意见》，要求积极采取措施推动水产养殖业绿色发展。2016 年，《农业部关于加快推进渔业转方式调结构的指导意见》中指出，要"提质增效、减量增收、绿色发展、富裕渔民，大力推进渔业供给侧结构性改革"。为响应党的十九大"乡村振兴"战略中"质量兴农、绿色兴农"的号召，2019 年 10 部委联合发布的《关于加快推进水产养殖业绿色发展的意见》中提出，要将绿色发展理念贯穿于水产养殖生产全过程，推行生态养殖绿色发展制度。2020 年农业农村部 1 号文件继续要求"推进水产健康养殖"。

1.3 全国农业发展形势展望

1.3.1 粮食安全的战略支持力度增大

自 2013 年底中央提出实施国家粮食安全战略以来，已相继出台了相关重大政策支持粮食安全战略，并先后采取了一系列重要举措。2014 年，国务院第 52 次政府常务会议决定新增地方粮食储备总规模 500 亿斤，还决定由中央和地方共同投资，以南方稻谷产区与黑龙江、吉林、内蒙古等省份为主，分两年新建仓容 1 000 亿斤。2014 年底出台《国务院关于建立健全粮食安全省长责任制的若干意见》（国发〔2014〕69 号），从粮食生产、流通、消费等环节，进一步明确各省级人民政府在维护国家粮食安全方面的事权与责任，对建立健全粮食安全省长责任制作出全面部署。2014 年，北方有省市已宣布将地下水严重超采区定为重点控制区域，区域内将逐步有序退出高耗水作物种植或休耕；南方有省份则在部分地区已开展重金属污染耕地修复及农作物种植结构调整试点工作。李克强总理在 2015 年的政府工作报告当中提出"开展粮食作物改为饲料作物试点"，这表明我国正在根据国情和粮情形势发展的需要全面拓宽粮食安全的整体视野。习近平总书记在 2020 年中央农村工作会议上强调"要牢牢把住粮食安全主动权，粮食生产年年要抓紧"。2021 年中央 1 号文件和《中华人民共和国国民经济和社会发展第十四个五年规划和 2035 年远景目标纲要》（以下简称《纲要》）均针对粮食安全战略的贯彻实施进行了重要部署。

《纲要》提出增强农业综合生产能力，以粮食生产功能区和重要农产品生产保护区为重点，建设国家粮食安全产业带，实施高标准农田建设工程，建成10.75亿亩集中连片高标准农田。

2018年11月，《粮食安全保障法》起草领导小组召开第一次会议，审议通过了起草工作组织方案、立法思路和进度安排等事项，正式启动立法工作。2020年9月，国家粮食和物资储备局发布《关于创新举措加大力度进一步做好节粮减损工作的通知》，提出积极推动《粮食安全保障法》立法进程。2021年3月，《纲要》强调实施粮食安全战略，制定《粮食安全保障法》。2021年4月21日，全国人民代表大会常务委员会发布《全国人大常委会2021年度立法工作计划》，将《粮食安全保障法》列入初次审议的法律案。2021年6月11日，国务院明确拟提请全国人大常委会审议《粮食安全保障法（草案）》。

1.3.2 气候变化是农业的不稳定因素

2019年底，全球平均地表温度比工业化前高1.1℃，气候变化的后果已经以各种方式显现。农业是对气候变化响应敏感的领域之一，未来作物产量可能受到严重影响。

(1) 温度升高

气候变化对我国作物产量的影响主要体现在温度升高上，每升温1℃减产2.6%～12.7%，东北和西北地区作物受升温影响显著。

(2) 影响肥效

CO_2肥效作用对作物产量的影响亦不容忽视，考虑CO_2肥效作用的作物平均单产比未考虑CO_2肥效作用的作物提高9.2%。

(3) 作物减产

气候变化导致的作物减产将对经济产生更严重的影响。若不考虑CO_2肥效作用，作物减产导致的经济波及影响将占GDP的−0.1%～13.6%（负值表示收益）。最悲观情况下的经济波及影响与当前我国农业总产值相当（2012年为基准年）。不同地区受经济波及影响程度的差异较大，因各区之间产业结构、贸易联系及经济发展程度存在差异。西南地区遭受本区及来自其他地区的经济波及影响比华东地区高2.8～8.5倍（刘远等，2021）。

1.3.3 农业国际合作站在新起点

《纲要》提出，推动共建"一带一路"高质量发展，要加强发展战略和政策对接——拓展规则对接领域，加强融资、贸易、能源、数字信息、农业等领域规则对接合作。农业国际合作机制日益健全。目前，我国已与全球140多个国家和地区建立了长期稳定的农业合作关系，与60多个国家建立了稳定的农业合作机制。中美全面经济对话、中俄总理定期会晤、中德总理年度磋商等政府间重要双边机制下，农业是重要组成部分。农业走出去方兴未艾。改革开放以来，我国农业科技水平和综合生产能力的逐步提升，企业经营实力和国际竞争力的不断增强，使农业"走出去"实现了从无到有的转变。随着加入世界贸易组织及"一带一路"倡议提出，农业对外投资合作在新动能下快速发展，我国农业由长期以来的"引进来"开始逐渐转变为"引进来"与"走出去"并重。截至2018年底，我国农业对外投资存量超过189.8亿美元，较2003年底增长了22倍，境外设立农业企业超过850家，平均投资规模超过2 000万美元，投资500万元以上的项目覆盖全球96个国家和地区。农产品贸易快速发展，加入世界贸易组织后，我国成为全世界开放水平较高的农产品市场之一，承诺的农产品关税水平（15.2%）只有世界平均关税的1/4，取消了农产品出口补贴，按照世贸规则调整完善了农产品进出口法律法规和管理制度。农业科技合作成果突出。近年来，我国农业科技合作范围不断扩大，以中国农科院为例，农业技术和产品遍布全球150多个国家和地区，育种、植物保护、畜牧医药、农用机械等领域的60多项新技术和新产品实现了"走出去"；与83个国家和地区、38个国际组织、7个跨国公司、盖茨基金会等建立合作关系，正式签订82份科技合作协议。

1.3.4 农业传统产业具有科技创新驱动力

党的十八大以来，"创新驱动发展"成为国家战略，农业现代化的关键在于科技进步和创新。围绕农业科技重大问题，农业农村部先后印发了《加快农业科技创新与推广的实施意见》《关于深化农业科技体制机制改革加快实施创新驱动发展战略的意见》《关于促进企业开展农业科技创新的意见》等文件以支持农业科技创新。截至2016年，党的十八大以来中央财政投入13.4亿元，加强了农业农村部重点实验室条件能力建设，中央财政累计投入19.4亿元，专项用于中国农科院科技创新工程。在农技推广方面，中央投入58.5亿元基本建设资金，改善了乡镇农技推广机构的工作条件。2012年以来，中央财政每年投入26亿元，支持全国2 500多个农业县健全农技推广体系，提升农技推广效能。2013年我国农业科技进步贡献率为55.2%，2016年已达到56.65%。"十三五"以来，我国农业科技进步贡献率突破60%。但目前农业科技创新中仍存在主体作用发挥不充分、科技创新经费投入不足、创新体制机制不完善、尚未聚焦农业产业发展需求、科技创新人才尚显匮乏等问题，需要进一步加快培育农业科技创新主体，鼓励农业高新技术龙头企业建立高水平研发机构，构建完善的农业科技创新投入体系，健全创新体制机制，确定创新重点领域，大力培育农业科技创新人才（方晓红，2021）。

1.3.5 信息化与农业农村现代化处于历史交汇期

发展农业农村数字经济，既是乡村振兴的战略方向，也是建设数字中国的重要内容。2017 年，我国数字经济规模达 27.2 万亿元，占 GDP 比重 32.9%，而农业数字经济占行业增加值比重为 6.58%。2018 年，数字经济规模达到 31 万亿元，占 GDP比重 34.8%，同比增长 1.9%；农业数字经济占行业增加值比重为 7.3%，较 2017 年提升 0.72%。数字经济增长处于平稳上升阶段，而农业数字经济增长处于缓慢上升阶段，发展潜力较大。根据农业农村部预测，2025 年农业数字经济占行业增加值比重有望达到 15%。但目前农业农村数字经济仍存在认识不到位、重视程度低、发展基础薄弱、地区发展不平衡、信息技术供给不足、涉农电子商务发展空间溢出效应不明显、农业农村数字经济产品化能力弱等问题，需要进一步倡导数字发展理念，做好顶层设计，完善数字农业农村基础设施建设，坚持城市反哺农村，补足农业农村数字经济短板，深化农业农村数字经济全产业链融合发展，提高农业农村的数字经济产品化率。2019 年 12 月 25 日，农业农村部、中央网络安全和信息化委员会办公室制定并发布了《数字农业农村发展规划（2019—2025 年）》。

智慧农业是将物联网等现代技术应用到传统农业中的现代农业技术。对于我国而言，智慧农业是我国智慧经济发展的重要组成部分（图 1-13）。2014 年我国提出智慧农业概念，2016 年智慧农业首次被写入中央 1 号文件，说明了我国政府对智慧农业的重视。未来随着我国人口红利的消失以及资源环境的约束，我国会愈加重视智慧农业的发展，同时随着政策的不断加码，我国智慧农业的规模将会不断扩大

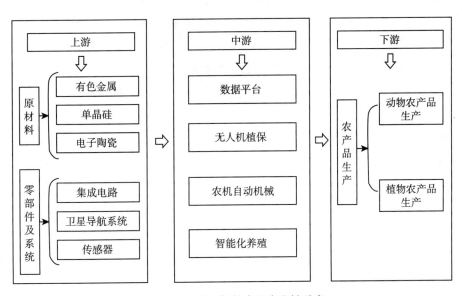

图 1-13　我国智慧农业产业链示意

（表1-1）。相关政策吸引了大量企业进入智慧农业行业，不仅吸引了一批具有一定实力的传统种植和养殖企业，例如大北农、中粮集团、温氏股份等，也吸引了一批具有智能技术的现代互联网企业进入智慧农业行业。智慧农业市场规模不断扩大，2020年我国智慧农业行业的市场规模约为622亿元。

表1-1 2016—2021年我国中央1号文件有关智慧农业的政策规划

日期	相关内容
2016年	大力推进"互联网＋"的现代农业，大力发展智慧气象和农业遥感技术
2017年	加快科技研发，实施智慧农业工程，推进农业物联网和农业装备智能化，发展数字农业，实施智慧农业林业水利工程，推进物联网试点
2018年	大力发展数字农业，实施智慧农业林业水利工程，推进物联网试验示范和遥感技术应用
2019年	深入推进"互联网＋农业"，扩大农业物联网示范应用。推进重要农产品全产业链大数据建设，加强国家数字农业农村系统建设。继续开展电子商务进农村综合示范，实施"互联网＋"农产品出村进城工程
2020年	要依托现有资源建设农业农村大数据中心，加快物联网、大数据、区块链、人工智能、第五代移动通信网络、智慧气象等现代信息技术在农业领域的应用，开展国家数字乡村试点
2021年	建设现代农业产业园、农业产业强镇、优势特色产业集群、推进农村一二三产业融合发展示范园和科技示范园区建设，到2025年创建500个左右示范区，形成梯次推进农业现代化的格局

1.3.6 居民饮食结构变化、绿色农产品不断发展

2017年10月18日，习近平同志在十九大报告中提出，人民健康是民族昌盛和国家富强的重要标志，要完善国民健康政策，为人民群众提供全方位全周期健康服务。2019年7月，国务院印发《国务院关于实施健康中国行动的意见》，成立健康中国行动推进委员会，出台《健康中国行动组织实施和考核方案》。农业生产直接关系到居民的食品安全问题。随着居民生活水平的提高和饮食结构的变化，人们对绿色食品、有机农产品、地理标志农产品提出了更高要求。根据《中国统计年鉴》的2015—2019年城镇居民人均食品消费量统计，粮食消费中谷物消费量降低，薯类、豆类消费量升高；蛋类、奶类、干鲜瓜果类消费量均不断提高，居民饮食种类不断丰富，健康意识不断提升（图1-14至图1-17）。2021年5月25日，绿色食品有机农产品和农产品地理标志工作座谈会指出：到"十四五"末，绿色食品、有机农产品、地理标志农产品数量达到6万个，产品抽检合格率稳定在98％以上；特色产品品质指标体系初步建立，产品分等分级有效推动；标准体系进一步完善、绿色生产水平显著提升，标杆"领跑"作用凸显；产业结构不断优化，产业发展质量水平明显提高；品牌的知晓率、公信力和美誉度进一步提升，消费引领作用扩大；品牌效应显著，服务三农大局的功能作用进一步增强。

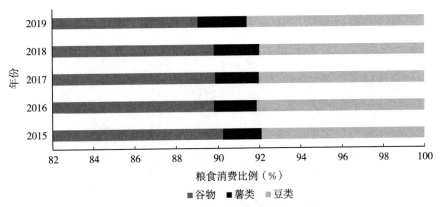

图 1-14 2015—2019 年我国居民粮食消费比例调整

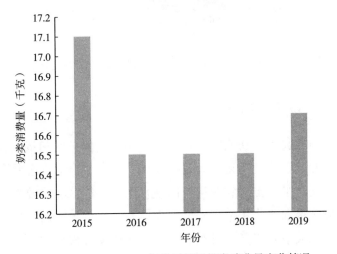

图 1-15 2015—2019 年我国居民奶类消费量变化情况

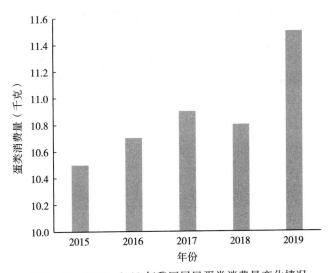

图 1-16 2015—2019 年我国居民蛋类消费量变化情况

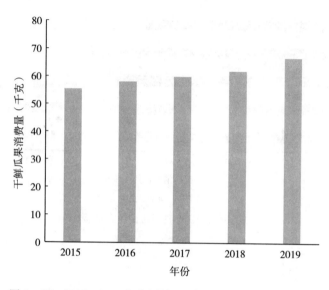

图 1-17　2015—2019 年我国居民干鲜瓜果类消费量变化情况

1.3.7　农业生产区域协调发展

推动农业生产向粮食生产功能区、重要农产品生产保护区和特色农产品优势区集聚。顺应空间结构变化趋势，优化重大基础设施、重大生产力和公共资源布局，分类提高城市化地区发展水平，推动农业生产向粮食生产功能区、重要农产品生产保护区和特色农产品优势区集聚，优化生态安全屏障体系，逐步形成城市化地区、农产品主产区、生态功能区三大空间格局。对东北地区，加快发展现代农业，打造保障国家粮食安全的"压舱石"。加大生态资源保护力度，筑牢祖国北疆生态安全屏障。改造提升装备制造等传统优势产业，培育发展新兴产业，大力发展寒地冰雪、生态旅游等特色产业，打造具有国际影响力的冰雪旅游带，形成新的均衡发展产业结构和竞争优势。实施更具吸引力的人才集聚措施。深化与东部地区对口合作。对中部地区，夯实粮食生产基础，不断提高农业综合效益和竞争力，加快发展现代农业。

2 全国农业污染源总体情况分析

2.1 总体变化趋势

2.1.1 农业污染源与其他污染来源对比分析

从水污染物总体情况来看，农业源和生活源污染物排放量均超过 1 200 万吨，是水污染物的主要部分。其中农业源总体污染物排放最多（图 2 - 1），占总排量的 49.8%。化学需氧量（COD）分别占农业源、生活源、工业源、集中式污染治理的 85.3%、81.3%、81.4% 和 72.5%。由此可以看出，COD 是造成水污染物排放量过多的最关键因素。

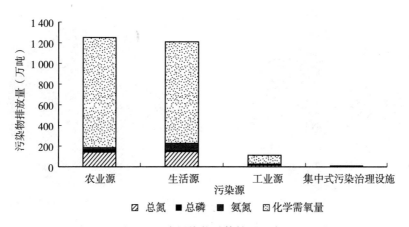

图 2 - 1 水污染物总体情况及占比

与一污普相比，二污普期间我国农业源减排效果显著。二污普农业源化学需氧量（COD）、总氮（TN）、总磷（TP）排放量分别为 1 067.13 万吨、141.49 万吨、21.20 万吨，分别比一污普下降了 19.4%、47.7%、25.5%。不难发现，农业源排放量中最多的仍然是 COD，且相比其他污染物下降比例最小（图 2 - 2）。

农业源总氮排放中种植业占据"半壁江山"，畜禽养殖业占 42%、水产养殖业占 7%；农业源总磷排放的 56% 来源于畜禽养殖业，种植业、水产养殖业分别占 36% 和 8%；农业源氨氮排放有 51% 来源于畜禽养殖业，种植业、水产养殖业分别占 39% 和 10%；农业源 COD 排放几乎全部来自畜禽养殖业，占比高达 94%（图 2 - 3）。

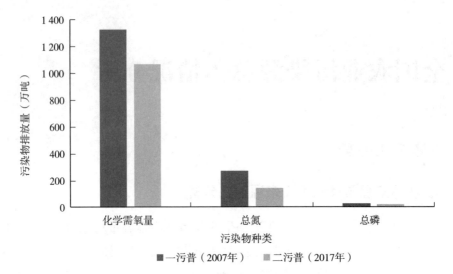

图 2-2 2007 年和 2017 年农业源污染物排放量

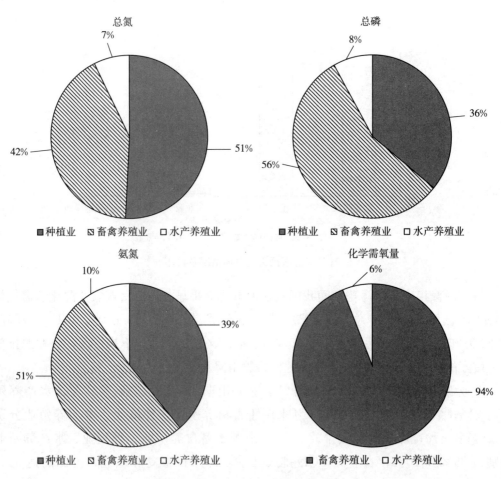

图 2-3 2017 年农业源污染物排放占比

2.1.2 一污普、二污普对比分析

与一污普相比，二污普时期我国农林牧渔总产值增长迅速，由 2007 年的 48 651.8 亿元增长至 2017 年的 109 331.7 亿元，增长率为 124.72%。其中，粮食播种面积、产量分别增长 11.30% 和 31.90%，油料总产量增长 35.29%，蔬菜产量增长 33.66%，水果产量增长 50.25%，肉类产量增长 25.13%，水产品产量增长 35.76%。

在我国农业生产能力取得重大成就的同时，我国农业源减排效果显著。与一污普相比，二污普农业源减排明显，污染物排放量总体减少了 393.20 万吨。其中，COD 减排效果最佳，排放量减少了 256.96 万吨，占总减排量的 65.35%；减排较为明显的是总氮，排放量减少了 128.97 万吨，占总减排量的 32.80%；而总磷减排效果量相对较少，占总减排比例不足 2%（图 2-4）。

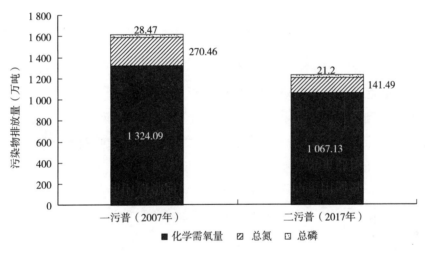

图 2-4　2007 年与 2017 年农业源污染物排放对比

2.2　种植业污染排放情况

2.2.1　水污染物排放情况

（1）水污染物排放量显著减少

种植业的快速发展必将造成一些不可避免的环境负外部性，种植业所造成的水污染物便是其中一种。从整体来看，种植业排放的水污染物中总氮比例最高（一污普占比 84.22%，二污普占比 81.90%），然后是氨氮（二污普占比 9.45%），水污染物中总磷比例最低（一污普占比 6.58%，二污普占比 8.67%）。

结合一污普和二污普种植业水污染物的排放情况（图 2-5）可以发现，相较于一污普，二污普的种植业水污染物排放总量显著降低。其中，总氮排放量由 2007 年

的 159.78 万吨减少为 2017 年的 71.95 万吨，减幅达到 54.97％；总磷排放量由 2007 年的 10.87 万吨减少为 2017 年的 7.62 万吨，减幅达到 29.88％。

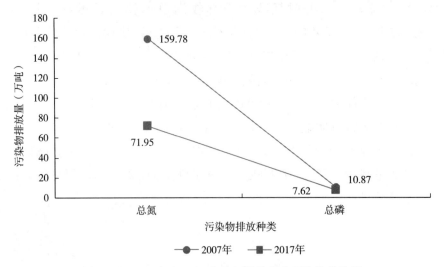

图 2-5　2007 年和 2017 年全国种植业水污染物排放量

（2）水污染物排放强度下降明显

进一步考虑到种植业的播种面积变化，计算单位播种面积的各水体污染物排放水平，得到水污染物的单位播种面积排放强度，即水污染物排放强度，如图 2-6 所示。

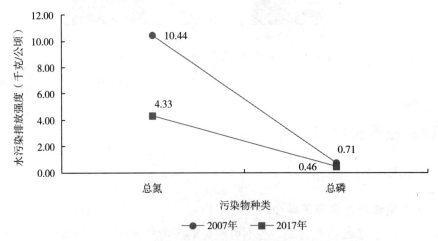

图 2-6　2007 年和 2017 年全国种植业水污染物排放强度

相较于一污普，二污普的种植业水污染物排放强度有较为显著的下降，种植业水体污染物减排效果较佳。其中，总氮排放强度由 2007 年的 10.44 千克/公顷减少为 2017 年的 4.33 千克/公顷，减幅达到 58.57％；总磷排放强度由 2007 年的 0.71 千克/公顷减少为 2017 年的 0.46 千克/公顷，减幅达到 35.21％。

2.2.2 地膜使用及处置情况

（1）种植业地膜使用现状

种植业的发展离不开地膜的使用，而地膜使用必然带来地膜残留，从而造成环境污染。根据二污普公布的种植业地膜使用相关数据，绘制了各作物地膜的覆膜面积（图 2-7）以及各作物覆膜的面积占比（图 2-8）。

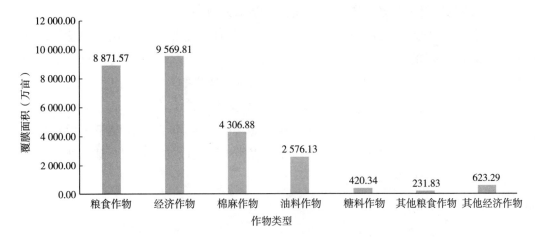

图 2-7　二污普（2017 年）种植业各作物覆膜面积

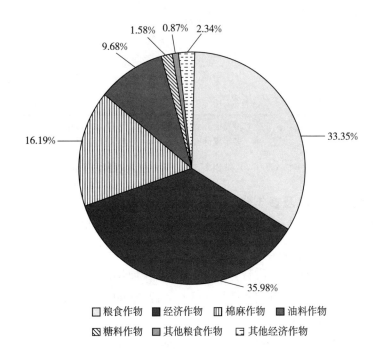

图 2-8　二污普（2017 年）种植业各作物覆膜面积占比

各作物中经济作物覆膜面积排名第一，其覆膜面积为 9 569.81 万亩，占全部覆膜面积的 35.98%；粮食作物的覆膜面积排名第二，其覆膜面积为 8 871.57 万亩，占全部覆膜面积的 33.35%；排名第三的是棉麻作物，其覆膜面积为 4 306.88 万亩，占全部覆膜面积的 16.19%；其余按照覆膜面积大小依次为油料作物（覆膜面积 2 576.13 万亩，占比 9.68%）、其他经济作物（覆膜面积 623.29 万亩，占比 2.34%）、糖料作物（覆膜面积 420.34 万亩，占比 1.58%）、其他粮食作物（覆膜面积 231.83 万亩，占比 0.87%）。

（2）地膜使用量及多年累积残留量变化情况分析

由图 2-9 可知，相较一污普，二污普的地膜使用量呈现了快速增长趋势。地膜使用量由 2007 年的 61.28 万吨增长到 2017 年的 141.93 万吨，相较 2007 年增长了 131.61%，其年平均增速为 8.07 万吨/年。同时，地膜的多年累积残留量变化情况与地膜使用量变化情况相一致。地膜多年累积残留量由 2007 年的 12.10 万吨快速增长到了 2017 年的 118.48 万吨，年平均增速为 10.64 万吨/年。地膜多年累积残留量的年平均增速大于地膜使用量的年平均增速，表明地膜使用的残留累积速度快于地膜使用量的增速，应当引起重视。

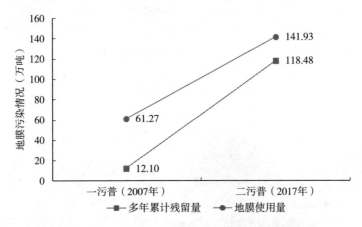

图 2-9　2007 年和 2017 年全国种植业地膜污染情况

（3）地膜使用量强度及多年残留量强度变化情况

进一步考虑到播种面积变化的影响，计算了地膜使用量强度（地膜使用量/播种面积）和地膜多年残留量强度（多年累积残留量/播种面积）的变化情况。

由图 2-10 可得，相较一污普，二污普的地膜使用量强度显著提升。地膜使用量强度由 2007 年的 4.00 千克/公顷提升到 2017 年的 8.53 千克/公顷，增幅达到 113.25%。同时，多年残留量强度也呈快速增长趋势。多年残留量强度由 2007 年的 0.79 千克/公顷提升到 2017 年的 7.12 千克/公顷，增幅达到 801.27%。地膜使用量强度以及多年残留量强度均呈现出较为显著的提升，表明在实现种植业快速发展、巩固粮食安全的同时，应该对地膜使用问题给予足够重视。

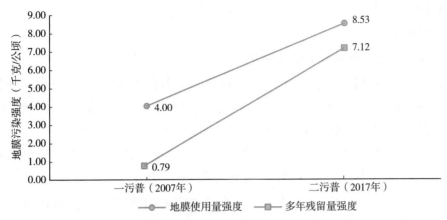

图 2-10　2007 年和 2017 年全国种植业地膜污染强度

2.2.3　秸秆产生及处置情况

（1）主要农作物秸秆产生总体情况

农作物秸秆中富含氮、磷、钾、钙、镁和有机质等，秸秆不仅能够通过还田为农作物提供养分，而且还是一种很好的燃料，是具有多用途的可再生资源。但是，如果秸秆利用不合理，如秸秆集中露天焚烧，则会严重污染大气，从而造成环境污染。根据两次污染源普查公布的秸秆产生量相关数据可知，较一污普而言，二污普的秸秆产生量呈现出缓慢下降趋势。秸秆产生量由 2007 年的 8.89 亿吨降低到 2017 年的 8.05亿吨，降低了 9.45%。

图 2-11 显示了二污普种植业中各类作物秸秆产量情况，玉米、小麦、稻谷作物是秸秆产生的三大主要作物，秸秆产生量分别为 2.79 亿吨、1.74 亿吨、2.19 亿吨，三类作物在总作物秸秆产生量所占比例高达 84.01%。具体而言，玉米、小麦、中稻及一季晚稻秸秆产生量占比较高，分别占总产生量的 34.88%、21.75% 和 19.00%。

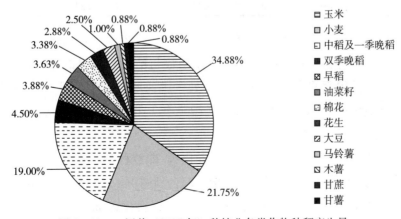

图 2-11　二污普（2017 年）种植业各类作物秸秆产生量

而双季晚稻、早稻、油菜籽、大豆、棉花和花生秸秆产生量所占比例为3%～4%。其他作物秸秆产生量所占比例在2%以下。

（2）秸秆可收集量和利用情况分析

通常采用传统草谷比法、农作物副产品比重法和农作物经济系数法等对作物秸秆产量进行估算评价（王金武，2017）。根据全国玉米、小麦、稻谷作物产量数据对2007—2017年秸秆可收集量进行统计估测，估算结果如表2-1所示。

由表2-1可知，2007—2017年，作物秸秆总产量呈逐渐增长趋势，其历年年均增长率约3.69%。其中玉米秸秆可收集量最大，稻谷次之，小麦最少。一污普（2007年）至二污普（2017年）期间，主要作物的秸秆可收集量呈现出逐年增长趋势，秸秆总量增长43.62%，而玉米、小麦、稻谷三类作物秸秆可收集量分别增长了67.01%、22.60%和14.11%。造成我国秸秆总量逐年升高的主要原因是我国粮食作物总产量在逐年增长。因此，在秸秆可收集量不断增长和粮食作物产量稳中有升的背景下，科学利用秸秆具有十分重要的意义。

表2-1 2007—2017年主要农作物秸秆可收集量（万吨）

年份	玉米	小麦	稻谷	总量
2007	30 559.03	8 284.16	18 317.52	57 160.71
2008	33 907.44	8 542.09	18 929.91	61 379.44
2009	34 132.02	8 761.13	19 282.24	62 175.39
2010	37 578.14	8 783.60	19 383.37	65 745.11
2011	41 629.25	8 971.01	19 939.34	70 539.60
2012	45 223.12	9 266.46	20 297.96	74 787.55
2013	48 945.24	9 354.53	20 273.79	78 573.56
2014	49 203.51	9 702.26	20 600.37	79 506.14
2015	52 203.42	10 029.11	20 849.32	83 081.85
2016	51 931.76	10 077.00	20 746.32	82 755.08
2017	51 036.99	10 156.67	20 901.80	82 095.46

据《中国农业机械工业年鉴》统计，我国2007—2017年机械化秸秆还田面积变化趋势如图2-12所示。秸秆还田面积变化趋势与秸秆总产量的变化趋势基本一致。我国机械化秸秆还田面积在2007—2014年处于迅速增长阶段，而2014年之后，秸秆还田面积处于缓慢增长态势。与一污普（2007年）相比，二污普（2017年）机械化秸秆还田面积增长了1.29倍。

目前，秸秆综合利用方式可总结为"五化"，即秸秆的肥料化、饲料化、能源化、基料化、原料化。截至2017年底，全国秸秆综合利用中，肥料化占56.53%，饲料化占23.24%，燃料化占15.19%，基料化占2.32%，原料化占2.72%，形成以农用为主、农用中以肥料化和饲料化为主的利用格局。二污普结果显示，秸秆可收集量为6.74亿吨，秸秆利用量为 5.85 亿吨，由此可知可收集秸秆利用率为 86.80%。

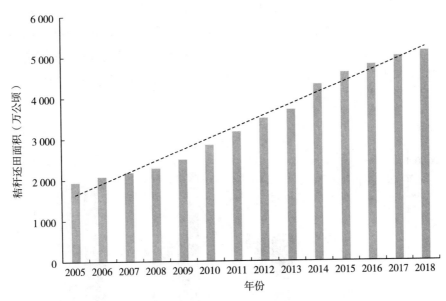

图 2-12　2007—2017 年全国机械化秸秆还田面积

2.3　畜禽养殖业污染排放情况

2.3.1　水污染物排放情况

（1）畜禽养殖业水污染物排放量明显下降

与 2007 年相比（表 2-2），2017 年畜禽养殖业水污染物排放量为 1 072.13 万吨，同比下降 22.69%。其中总氮排放量为 59.63 万吨，同比下降 41.81%；总磷排放量为 11.97 万吨，同比下降 25.37%；COD 排放量为 1 000.53 万吨，同比下降 21.11%。总氮的下降幅度最大。《全国畜禽养殖污染防治"十二五"规划》提出，2015 年全国畜禽养殖业的 COD、氨氮排放量较 2010 年分别减少 8%、10% 以上。

表 2-2　全国污染源普查畜禽养殖业水污染情况对比

污染物种类	污染物排放量（万吨）		污染物下降比率（%）
	一污普（2007 年）	二污普（2017 年）	
总氮	102.48	59.63	41.81
总磷	16.04	11.97	25.37
COD	1 268.26	1 000.53	21.11
总量	1 386.78	1 072.13	22.69

（2）畜禽养殖业水污染物排放量占比仍较高

2007 年农业源水污染物排放总量为 1 623.02 万吨，其中畜禽养殖业占比为 85.44%。2017 年农业源水污染物排放总量为 1 229.82 万吨，其中畜禽养殖业占比为 87.18%。畜禽养殖业仍是农业面源污染的主要来源。2017 年 COD 排放量占农业源 COD 排放总量的 95.78%，较 2007 年增长 2.02%（2007 年 COD 占比为 93.76%），畜禽养殖业的 COD 排放尤为严重。

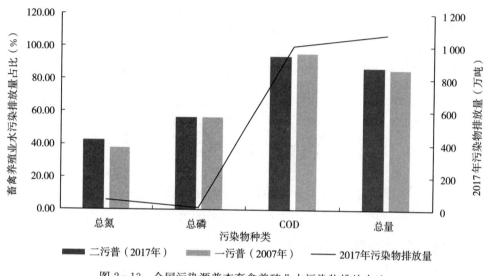

图 2-13　全国污染源普查畜禽养殖业水污染物排放占比

（3）畜禽种间氮素、磷素排放量差异大

根据 2018 年农业农村部发布的《畜禽粪污土地承载力测算技术指南》估算，2017 年，我国生猪、奶牛、肉牛、蛋鸡、肉鸡的氮素排泄量分别为 268.4 万吨、24.7 万吨、29.3 万吨、67.9 万吨、335.3 万吨（图 2-14）；磷素排泄量分别为 142.3 万吨、13.1 万吨、15.5 万吨、10.0 万吨、49.4 万吨（图 2-15）。相比其他畜禽，生猪和肉鸡两种畜禽的氮素排泄量占总排泄量的 83.20%，磷素排泄量占总排泄量的 83.23%。其中肉鸡氮素排泄量最大，生猪磷素排泄量最大。

（4）不同养殖模式水污染物排放强度存在一定差异

规模化畜禽养殖场单位猪当量[①]的水污染物排放强度为总氮 6.1 吨/万头、总磷 1.3 吨/万头、氨氮 1.2 吨/万头、COD 99.2 吨/万头；畜禽养殖专业户单位猪当量的水污染物排放强度为总氮 6.6 吨/万头、总磷 1.2 吨/万头、氨氮 1.0 吨/万头、COD

---

① 猪当量指用于衡量畜禽氮（磷）素排泄量的度量单位，1 头猪为 1 个猪当量。1 个猪当量的氮素排泄量为 11 千克，磷素排泄量为 1.65 千克。按存栏量折算：100 头猪相当于 15 头奶牛、30 头肉牛、250 只羊、2 500 只家禽。生猪、奶牛、肉牛的固体粪便中氮素占氮素排泄总量的 50%，磷素占 80%；羊、家禽的固体粪便中氮（磷）素占 100%。

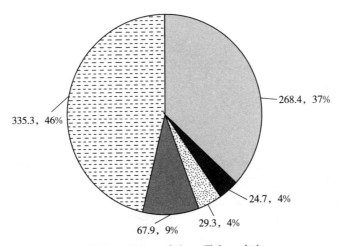

图 2-14　不同畜禽氮素排泄量（万吨）

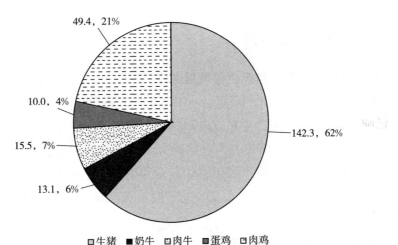

图 2-15　不同畜禽磷素排泄量（万吨）

115.4 吨/万头。养殖专业户总氮、COD 的污染物排放强度高于规模化养殖场，而规模化养殖场总磷、氨氮污染物排放强度更高。

（5）畜禽养殖业单位产值水污染物排放强度高于农业源整体水平

2017 年农林牧渔总产值 109 331.7 亿元，其中畜禽养殖业产值占比为 26.86%，但各项水污染物排放量占比均达到农业源的 40% 以上。由图 2-16 可知，畜禽养殖业单位产值水污染物排放强度（畜禽养殖业水污染物排放量/当年畜禽养殖业产值）为总氮 20.31 吨/亿元、总磷 4.08 吨/亿元、COD 为 340.77 吨/亿元，远超农业源单位产值水污染物排放强度（农业源水污染物排放量/当年农业总产值），其中总磷单位产值排放强度超出 2 倍，COD 单位产值排放强度超出 3 倍（农业源单位产值水污染物排放强度：总氮 12.94 吨/亿元、总磷 1.94 吨/亿元、COD 为 97.60 吨/亿元）。

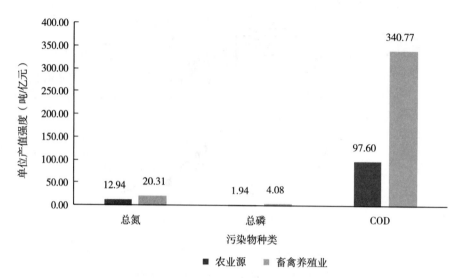

图 2-16 农业源、畜禽养殖业单位产值水污染物排放强度

2.3.2 粪尿产生和利用情况

（1）粪尿产生量巨大，年产生量明显递增

2017 年畜禽养殖业粪尿产生总量为 6.27 亿吨，较 2007 年上升 54.43%（2007 年为 4.06 亿吨）。其中，粪便产生量 3.63 亿吨，同比上升 49.38%；尿液产生量 2.64 亿吨，同比上升 61.96%（图 2-17）。根据《2018 中国畜牧兽医年鉴》，2017 年养殖生猪、蛋鸡、肉鸡、奶牛、肉牛的规模化畜禽养殖场①数量分别为 21.55 万户、3.81 万户、2.80 万户、0.88 万户、2.27 万户，较 2007 年平均规模扩大 1.77 倍（图 2-18）。

（2）粪尿综合利用率显著上升

2017 年 6 月，国务院办公厅发布《关于加快推进畜禽养殖废弃物资源化利用的意见》，提出全面推进畜禽养殖废弃物资源化利用，加快构建种养结合、农牧循环的可持续发展新格局，为全面建成小康社会提供有力支撑。2015 年畜禽养殖业的粪污综合利用率不到 60%（高尚宾，2018）。2017 年，规模化畜禽养殖场粪便利用率达85.07%（1.88 亿吨），污水利用率达 86.15%（3.36 亿吨）；畜禽养殖专业户粪便利用率达 84.51%（1.20 亿吨），尿液利用率达 78.33%（0.94 亿吨）。

---

① 环保部和农业农村部联合发布的《全国畜禽养殖污染防治"十二五"规划》中定义：规模化畜禽养殖单元包括规模化畜禽养殖场（小区）和畜禽养殖专业户。其中，规模化畜禽养殖场（小区）养殖规模为生猪出栏量>500头、奶牛存栏量>100头、肉牛出栏量>100头、蛋鸡存栏量>10 000只、肉鸡出栏量>50 000只；畜禽养殖专业户养殖规模为 50头<生猪出栏量<500头、5头<奶牛存栏量<100头、10头<肉牛出栏量<100头、500只<蛋鸡存栏量<10 000只、2 000只<肉鸡出栏量<50 000只。

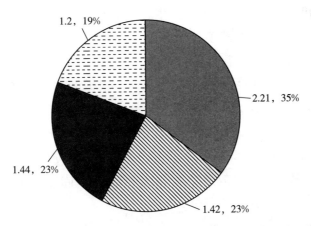

■规模化畜禽养殖场粪便 ☒畜禽养殖专业户粪便 ■规模化畜禽养殖场尿液 ☷畜禽养殖专业户尿液

图 2-17 2017 年不同养殖模式畜禽养殖业粪尿产生量（亿吨）

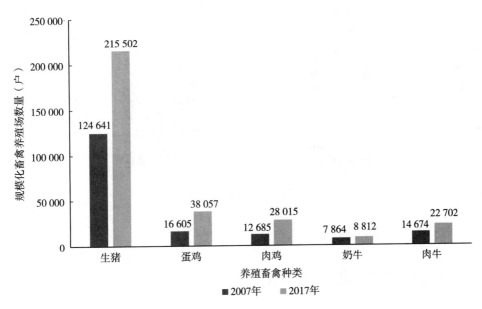

图 2-18 2007 年和 2017 年全国规模化畜禽养殖场数量

注：数据来源于《2018 中国畜牧兽医年鉴》。

（3）不同养殖模式畜禽种类有所差异，但粪尿产量大致持平

2017 年，我国规模化畜禽养殖场不同种类畜禽出栏量为生猪 2.72 亿头、奶牛 442.08 万头、肉牛 466.33 万头、蛋鸡 12.05 亿只、肉鸡 61.64 亿只；畜禽养殖专业户不同种类畜禽出栏量为生猪 2.16 亿头、奶牛 231.72 万头、肉牛 1 129.39 万头、蛋鸡 3.38 亿只、肉鸡 15.06 亿只。家禽养殖以规模化畜禽养殖场为主，蛋鸡、肉鸡规模化畜禽养殖场出栏量占全国总出栏量的比例分别为 78.09％、80.37％；肉牛养殖以畜禽养殖专业户为主，出栏量占比为 70.78％；生猪（55.74％）、奶牛（65.61％）

在规模化畜禽养殖场的出栏量稍高。粪尿产生总量基本持平，规模化畜禽养殖场粪尿产生总量为 3.65 亿吨，其中粪便产生总量为畜禽养殖专业户的 1.56 倍，尿液产生总量为畜禽养殖专业户的 1.2 倍。

畜禽养殖业的粪尿排放强度降低（图 2-19）。根据 2018 年《中国统计年鉴》，2007 年我国畜禽养殖业总产值 16 068.6 亿元，单位产值粪尿排放强度为 2.52 万吨/亿元，其中粪便排放强度 1.51 万吨/亿元、尿液排放强度 1.01 万吨/亿元。2017 年我国畜禽养殖业总产值 29 361.2 亿元，单位产值粪尿排放强度为 2.13 万吨/亿元（同比下降 15.48%），其中粪便排放强度 1.23 万吨/亿元（同比下降 18.54%）、尿液排放强度 0.90 万吨/亿元（同比下降 10.89%）。

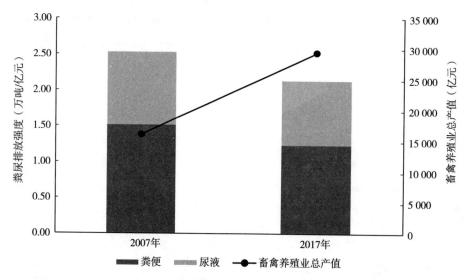

图 2-19　2007 年和 2017 年畜禽养殖业粪尿排放强度

2.4　水产养殖业污染排放情况

（1）水产养殖业水污染物排放占比上升

由图 2-20 可知，水产养殖业的总氮排放量占农业源总氮排放量的比例从 3.04% 上升至 7.00%，总磷从 5.48% 上升至 7.59%，COD 由 4.22% 上升至 6.24%。水产养殖业水污染物排放对农业污染源的贡献增大。

（2）水产养殖业水污染物排放量有所上升

与 2007 年相比，2017 年我国水污染物排放量为总氮 9.91 万吨，同比上升 20.7%；总磷 1.61 万吨，同比上升 3.2%；COD 为 66.60 万吨，同比上升 19.3%。2019 年 2 月 17 日，多部门联合发布《关于加快推进水产养殖业绿色发展的若干意见》指出，要改善养殖环境，推进养殖尾水治理。

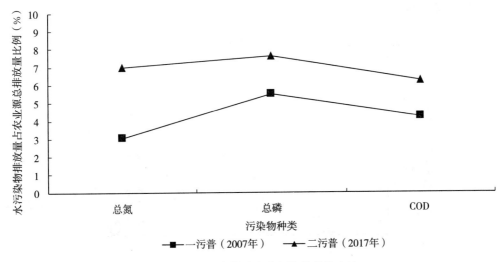

图 2-20　水产养殖业水污染物排放占比

（3）淡水养殖污染是我国水产养殖业污染的主要来源

2017 年淡水养殖水污染物排放量为总氮 8.52 万吨，占水产养殖业总氮排放量的 85.97%；总磷 1.76 万吨，占比 85.85%；氨氮 2.05 万吨，占比 91.93%；COD 为 65.45 万吨，占比 98.27%。由表 2-3 可知，2017 年淡水池塘养殖面积达 0.62 亿亩，是海水池塘养殖的 8.1 倍；围栏养殖 226.40 万亩，是海水围栏养殖面积的 46.7 倍。淡水养殖面积大，是重要的面源污染之一。

表 2-3　2017 年不同养殖模式淡水与海水养殖面积情况

养殖模式	淡水养殖面积	海水养殖面积	淡水∶海水
池塘养殖（万亩）	6 200.00	765.10	8.1
工厂化养殖（万米^3）	3 940.04	2 578.71	1.5
网箱养殖（亿米^2）	0.53	0.89	0.6
围栏养殖（万亩）	226.40	4.85	46.7
滩涂养殖（万亩）	195.61	497.21	0.4
其他养殖（万亩）	3 112.42	1 136.42	2.7

（4）不同养殖模式水污染物排放强度差异大

由图 2-21 可知，淡水养殖单位渔获产量的水污染物排放强度为总氮 3.21 千克/吨、总磷 0.66 千克/吨、COD 为 24.65 千克/吨，海水养殖单位渔获产量的水污染物排放强度为总氮 1.28 千克/吨、总磷 0.23 千克/吨、COD 为 2.33 千克/吨，淡水养殖与海水养殖比值为总氮 2.5、总磷 2.9、COD 10.6。2017 年淡水养殖渔获产量 2 655.2 万吨，海水养殖渔获产量 1 248.3 万吨，淡水养殖产量大且污染强度高，是水产养殖业水污染的主要来源。

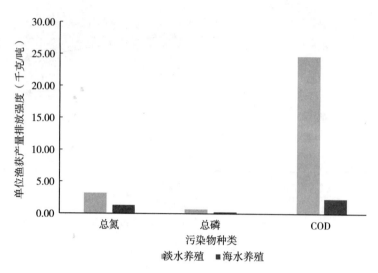

图 2-21　淡水养殖、海水养殖污染物排放强度（单位渔获产量）

（5）水产养殖业单位产值排放强度下降

2007 年我国水产养殖业总产值 4 427.9 亿元。2017 年水产养殖业单位产值污染物排放强度为总氮 8.56 吨/亿元，同比下降 53.83%（2007 年为 18.54 吨/亿元）；总磷 1.39 吨/亿元，同比下降 60.53%（2007 年为 3.52 吨/亿元）；COD 为 57.53 吨/亿元，同比下降 54.37%（2007 年为 126.09 吨/亿元）。各污染物单位产值排放强度下降比例均超过一半，我国水产养殖业的绿色发展举措取得显著成效（图 2-22）。

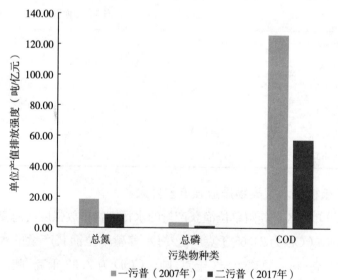

图 2-22　2007 年和 2017 年水产养殖业单位产值污染物排放强度

3 各地区（省份）农业污染源情况分析

3.1 种植业污染排放情况

3.1.1 水污染物排放情况

（1）总氮排放与削减情况

总氮排放量最大的省份是广西，排放量为8.81万吨；然后是广东和湖北，排放量分别为6.54万吨、5.81万吨；排放量最小的为青海，排放量为128.70吨。排放量最高和最低的省份之间排放量相差千倍。31省份平均排放量为2.46万吨，排放量超过平均值的省份共11个，占全国总排放量的80.74%。2017年总氮排放量超过平均值的省份排放量及削减率如图3-1所示。

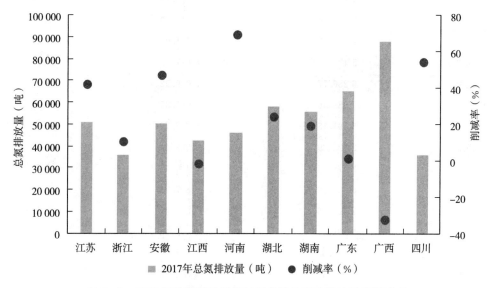

图3-1 2017年总氮排放量超过平均值的省份排放量及削减率

2017年全国总氮削减率54.97%，其中有9个省份削减率均超过90%，排名前三的分别为北京、内蒙古、山东，削减率分别为96.58%、96.01%、95.86%；有2个省份削减率为负值，总氮排放量上升，分别为广西、江西，削减率分别为-32.11%、-1.81%。全国各省份总氮排放与削减情况如表3-1所示。

表 3-1　全国各省份总氮排放与削减情况

省份/地区	2007 年总氮排放量（吨）	2017 年总氮排放量（吨）	总氮削减率（%）
全国	108 685.93	76 216.36	29.87
北京	387.99	12.42	96.80
天津	498.42	39.57	92.06
河北	7 100.61	589.18	91.70
山西	2 038.42	236.36	88.40
内蒙古	1 410.76	133.37	90.55
辽宁	1 176.36	—	—
吉林	1 053.82	107.77	89.77
黑龙江	2 413.74	1 545.58	35.97
上海	427.41	222.29	47.99
江苏	4 353.33	5 280.46	−21.30
浙江	3 386.76	5 205.21	−53.69
安徽	5 020.93	5 229.65	−4.16
福建	2 974.59	2 757.11	7.31
江西	4 157.52	5 121.19	−23.18
山东	13 635.20	243.39	98.21
河南	7 529.52	3 581.02	52.44
湖北	5 472.70	6 677.72	−22.02
湖南	6 286.77	5 069.92	19.36
广东	7 383.46	7 945.35	−7.61
广西	6 491.15	9 832.72	−51.48
海南	2 223.99	1 583.44	28.80
重庆	2 178.05	1 464.72	32.75
四川	6 550.29	3 897.74	40.50
贵州	2 727.66	3 532.46	−29.51
云南	5 338.47	4 402.12	17.54
西藏	329.50	—	—
陕西	3 202.45	854.65	73.31
甘肃	1 387.94	114.61	91.74
青海	85.53	8.99	89.49
宁夏	300.41	20.55	93.16
新疆	1 162.21	75.27	93.52

注：负号代表增长。辽宁、西藏数据缺失。

以各省份总氮排放量/农作物播种面积表示总氮的排放强度。由图 3-2 可知，全国平均总氮排放强度为 4.33 吨/千公顷，超过全国平均总氮排放强度的省份共 12 个，其中排放强度较大的是海南、浙江、广东，排放强度分别为 23.07 吨/千公顷、17.99 吨/千公顷、15.47 吨/千公顷。排放强度较低的是内蒙古、青海和宁夏，排放强度分别为 0.12 吨/千公顷、0.23 吨/千公顷、0.24 吨/千公顷。

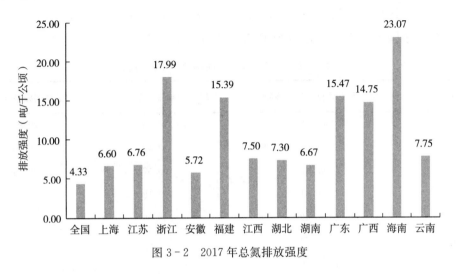

图 3-2　2017 年总氮排放强度

（2）总磷排放与削减情况

总磷排放量最大的省份是广西，排放量为 0.98 万吨；然后是广东和湖北，排放量分别为 0.79 万吨、0.67 万吨；排放量最小的为青海，排放量为 8.99 吨，北京排放量为 12.42 吨。31 省份平均排放量为 0.26 万吨，排放量超过平均值的省份共 13 个，占全国总排放量的 90.03%。2017 年总磷排放量超过平均值的省份排放量及削减率如图 3-3 所示。

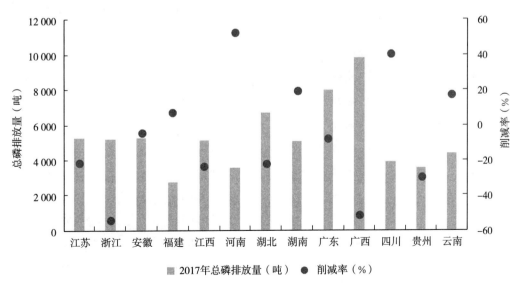

图 3-3　2017 年总磷排放量超过平均值的省份排放量及削减率

2017年全国总磷削减率29.87%，其中有8个省份削减率均超过90%，排名前三的分别为山东、北京、新疆，削减率分别为98.21%、96.80%、93.52%；有8个省份削减率为负值，总磷排放量上升，分别为浙江、广西、贵州、湖北、江西、江苏、广东、安徽，其中浙江、广西、贵州的削减率分别为－53.69%、－51.48%、－29.51%。全国各省份总磷排放与削减情况如表3-2所示。

表3-2 全国各省份总磷排放与削减情况

省份/地区	2007年总磷排放量（吨）	2017年总磷排放量（吨）	总磷削减率（%）
全国	108 685.93	76 216.36	29.87
北京	387.99	12.42	96.80
天津	498.42	39.57	92.06
河北	7 100.61	589.18	91.70
山西	2 038.42	236.36	88.40
内蒙古	1 410.76	133.37	90.55
辽宁	1 176.36	—	—
吉林	1 053.82	107.77	89.77
黑龙江	2 413.74	1 545.58	35.97
上海	427.41	222.29	47.99
江苏	4 353.33	5 280.46	－21.30
浙江	3 386.76	5 205.21	－53.69
安徽	5 020.93	5 229.65	－4.16
福建	2 974.59	2 757.11	7.31
江西	4 157.52	5 121.19	－23.18
山东	13 635.20	243.39	98.21
河南	7 529.52	3 581.02	52.44
湖北	5 472.70	6 677.72	－22.02
湖南	6 286.77	5 069.92	19.36
广东	7 383.46	7 945.35	－7.61
广西	6 491.15	9 832.72	－51.48
海南	2 223.99	1 583.44	28.80
重庆	2 178.05	1 464.72	32.75
四川	6 550.29	3 897.74	40.50
贵州	2 727.66	3 532.46	－29.51
云南	5 338.47	4 402.12	17.54

（续）

省份/地区	2007 年总磷排放量（吨）	2017 年总磷排放量（吨）	总磷削减率（%）
西藏	329.50	—	—
陕西	3 202.45	854.65	73.31
甘肃	1 387.94	114.61	91.74
青海	85.53	8.99	89.49
宁夏	300.41	20.55	93.16
新疆	1 162.21	75.27	93.52

注：负号代表增长；辽宁，西藏缺失数据。

以各省份总磷排放量/农作物播种面积表示总磷的排放强度。由图 3-4 可知，全国平均总磷排放强度为 0.46 吨/千公顷，超过全国平均总磷排放强度的省份共 13 个，其中排放强度较大的是浙江、海南、广东，排放强度分别为 2.63 吨/千公顷、2.23 吨/千公顷、1.88 吨/千公顷。排放强度较低的是新疆、内蒙古和青海，排放强度分别为 0.01 吨/千公顷、0.01 吨/千公顷、0.02 吨/千公顷。

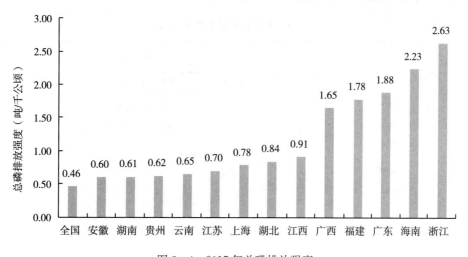

图 3-4 2017 年总磷排放强度

（3）氨氮排放情况①

氨氮排放量最大的省份为湖南，排放量为 1.16 万吨；然后是广西和广东，排放量分别为 1.08 万吨、0.8 万吨；排放量最小的为西藏，排放量为 3.93 吨，青海排放量为 9.31 吨。31 省份平均排放量为 0.27 万吨，排放量超过平均值的省份共 11 个，占全国总排放量的 82.69%。2017 年氨氮排放量超过平均值的省份排放量如图 3-5 所示。

---

① 由于一污普中未统计氨氮排放情况，因此这里仅分析了二污普中氨氮的排放情况。下同。

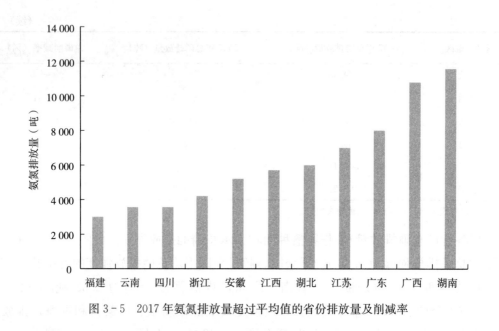

图 3-5 2017 年氨氮排放量超过平均值的省份排放量及削减率

全国各省份氨氮排放情况如表 3-3 所示。

表 3-3 全国各省份氨氮排放情况

省份/地区	2017 年氨氮排放量（吨）
全国	82 952.48
北京	10.64
天津	46.15
河北	682.14
山西	276.54
内蒙古	133.37
辽宁	—
吉林	94.91
黑龙江	2 420.50
上海	250.64
江苏	6 997.11
浙江	4 191.14
安徽	5 189.70
福建	3 002.40
江西	5 732.46
山东	424.74
河南	2 592.72
湖北	6 009.85

（续）

省份/地区	2017 年氨氮排放量（吨）
湖南	11 587.68
广东	7 995.10
广西	10 805.90
海南	1 901.32
重庆	1 607.64
四川	3 570.05
贵州	2 277.47
云南	3 517.31
西藏	—
陕西	652.60
甘肃	124.23
青海	9.31
宁夏	23.14
新疆	163.34

注：负号代表增长；辽宁、西藏缺失数据。

以各省份氨氮排放量/农作物播种面积表示氨氮的排放强度。由图 3-6 可知，全国平均氨氮排放强度为 0.50 吨/千公顷，超过全国平均氨氮排放强度的省份共 12 个，其中排放强度较大的是海南、浙江、福建，排放强度分别为 2.68 吨/千公顷、2.12 吨/千公顷、1.94 吨/千公顷。排放强度较低的是内蒙古、吉林和青海，排放强度分别为 0.01 吨/千公顷、0.02 吨/千公顷、0.02 吨/千公顷。

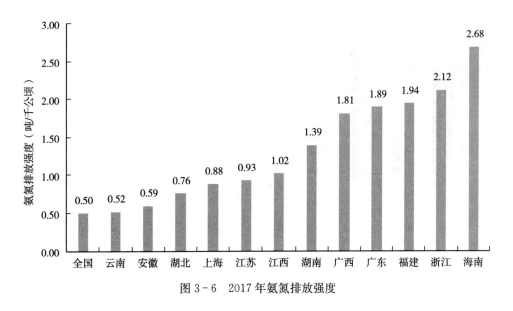

图 3-6　2017 年氨氮排放强度

因此，从种植业水污染物排放强度来看，海南、浙江、福建和广东单位种植面积的水污染强度较大，远超全国平均排放强度，需要进一步加强这些地区种植业的水污染防控与治理工作。

3.1.2 地膜使用及回收情况

甘肃、新疆、云南、山东既是全国作物生产的主要地区，也是全国地膜生产和使用的主要地区。地膜使用量共计51.32万吨，各地区地膜使用量均在9万吨以上，占全国地膜使用总量的36.16%。四个地区作物覆膜面积共11 045万亩，占全国作物覆膜总面积的38.59%。同时，这些地区也是全国农膜回收行动的重点地区，地膜回收行动取得了一定成效。

（1）地膜使用及残留情况

2017年全国地膜使用量为141.93万吨。其中新疆地膜使用量最高，为17.00万吨；然后是甘肃，地膜使用量为15.23万吨；地膜使用量较低的为北京、上海，使用量分别为0.21万吨、0.26万吨。全国地膜使用量平均值为4.63万吨，超过平均值的省份有12个，占全国地膜使用总量的72.39%。2017年全国地膜使用总量为2007年的2.32倍；青海、海南地膜使用量增长倍数超过10倍，分别为2007年的16.25倍、15.16倍；有4个省份的地膜使用量有所下降，分别为天津、北京、山东、上海，使用量较2007年分别减少52.92%、38.09%、19.02%、10.90%。一污普、二污普地膜使用量超过全国平均值的省份如图3-7所示。

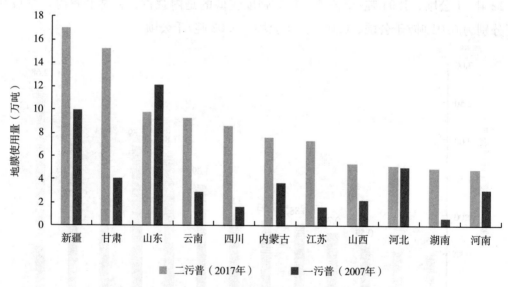

图3-7　一污普、二污普地膜使用量超过全国平均值的省份

如图3-8所示，地膜多年累积残留量最高的省份是西藏，多年累积残留量达

45.55 万吨；较低的地区是上海、北京和浙江，多年累积残留量分别为 10.3 吨、10.88 吨、123.23 吨。相较于 2007 年，海南、青海、新疆等省份的地膜多年累积残留量有显著上升，增长倍数超过 20 倍，而北京、上海、浙江等省份的地膜多年累积残留量有所下降。

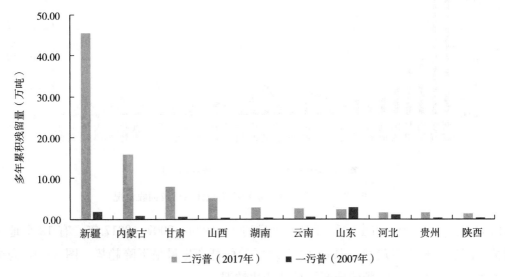

图 3-8　一污普、二污普地膜多年累积残留量排名前十省份

（2）地膜回收情况

地膜回收情况一定程度上反映了农膜回收行动的效果。2017 年，西藏地膜多年累积残留量排名第一，且较 2007 年上涨了 7.5 倍，其地膜回收量居于全国末尾，农膜回收行动在西藏地区未得到较好开展，但西藏地区的地膜使用量居于全国末尾。新疆地膜多年累积残留量排名第二，且较 2007 年上涨了 24.9 倍，但其地膜回收量为 9.65 万吨，全国排名第二，农膜回收行动在新疆地区实施效果良好。内蒙古地膜多年累积残留量排名第三，且较 2007 年上涨了 20.54 倍，其地膜回收量排名第八，农膜回收行动在内蒙古地区有一定效果。新疆、内蒙古仍是全国地膜使用大的省份，因其自然特征、产业结构的影响，这两个地区未来地膜使用在较长一段时间内仍然是刚性需求，农膜回收则显得尤为重要。图 3-9 展示了 2017 年全国各省份地膜累积残留量及回收情况。

3.1.3　秸秆产生及利用情况

2017 年全国秸秆产生量为 8.05 亿吨，对比 2007 年下降了 9.4%。2017 年全国秸秆产生量最高的省份是河南，产生量为 0.85 亿吨；然后是黑龙江、山东，产生量分别为 0.83 亿吨、0.73 亿吨；产生量最低的地区是北京，产生量为 43.96 吨，上海和西藏的产生量分别为 79.04 吨、116.39 吨。全国平均产生量为 0.260 亿吨，超过平

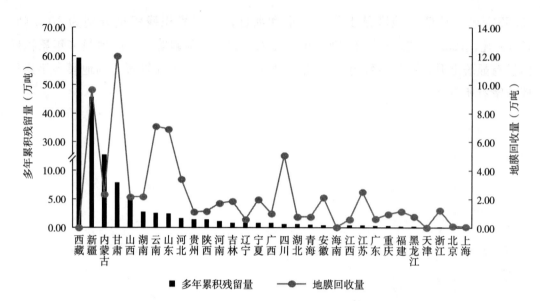

图 3-9　2017 年全国各省份地膜累积残留量及回收情况

均值的省份共 12 个，占全国秸秆总产生量的 74.19%。2007—2017 年，有 12 个地区的秸秆产生量呈上升趋势，其余 19 个地区的秸秆产生量呈下降趋势。图 3-10 为全国各省份一污普、二污普秸秆产生量及变化情况。

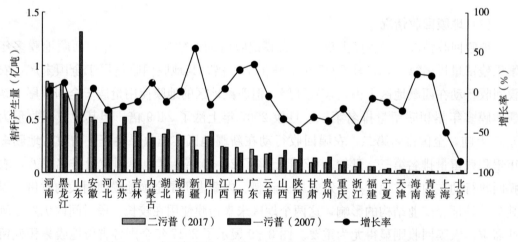

图 3-10　全国各省份一污普、二污普秸秆产生量及变化情况

"五料"是秸秆资源利用的主要方式——肥料、饲料、基料、燃料、原料。2017年全国秸秆可收集量为 6.74 亿吨，秸秆利用量 5.85 亿吨，综合利用率（可收集秸秆利用率）达 86.80%。其中 31 个省份利用率均超过 60%，20 个省份的秸秆综合利用率超过全国平均综合利用率。图 3-11 展示了全国各省份秸秆可收集量及综合利用率。

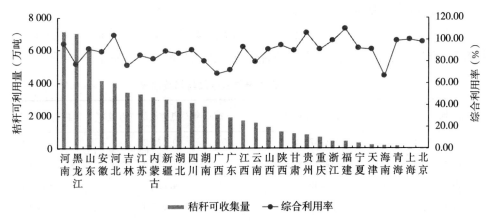

图 3-11　2017 年全国各省份秸秆可收集量及综合利用率

3.2　畜禽养殖业污染排放情况

3.2.1　水污染物排放情况

（1）总氮排放与削减情况

畜禽养殖业总氮排放量最大的省份是河南，排放量为 4.52 万吨；然后是山东、河北，排放量分别为 4.29 万吨、4.07 万吨；排放量较小的是上海、北京、青海，排放量分别为 0.04 万吨、0.19 万吨、0.21 万吨。全国（不包括辽宁、西藏）平均排放量为 1.91 万吨，排放量超过平均值的省份共 14 个，占全国总排放量的 73.69%。2017 年畜禽养殖业总氮排名前十省份的排放量及削减率（2007—2017 年）如图 3-12 所示。

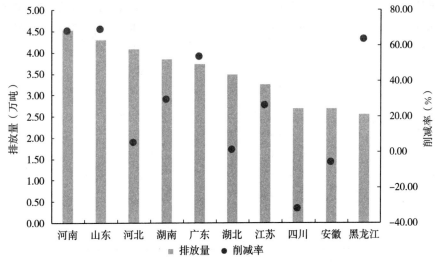

图 3-12　2017 年畜禽养殖业总氮排放量排名前十省份

2017 年畜禽养殖业全国总氮削减率 41.81%。其中浙江、上海两地区削减率超过
90%，分别为 92.86%、90.03%；有 11 个省份削减率为负值，总氮排放量有所上升，
上升较高的分别为贵州、云南。全国各省份总氮排放与削减情况如表 3-4 所示。

表 3-4 全国各省份总氮排放与削减情况

省份/地区	2007 年总氮排放量（万吨）	2017 年总氮排放量（万吨）	总氮削减率（%）
全国	102.476 4	59.628 2	41.81
河南	14.155 8	4.522 0	68.06
山东	13.898 2	4.289 4	69.14
河北	4.285 3	4.073 6	4.94
湖南	5.450 5	3.844 1	29.47
广东	8.024 9	3.728 6	53.54
湖北	3.504 2	3.475 5	0.82
江苏	4.405 2	3.246 7	26.30
四川	2.036 5	2.693 5	−32.26
安徽	2.543 3	2.690 8	−5.80
黑龙江	6.979 9	2.553 5	63.42
江西	2.182 3	2.378 4	−8.98
山西	1.041 9	2.179 3	−109.16
内蒙古	2.111 6	2.179 0	−3.19
吉林	3.508 7	2.084 8	40.58
广西	3.268 2	1.674 1	48.78
云南	0.571 8	1.549 3	−170.95
甘肃	1.157 2	1.359 0	−17.44
新疆	2.261 1	1.280 1	43.39
贵州	0.263 1	0.943 7	−258.63
福建	4.961 9	0.941 3	81.03
陕西	1.932 7	0.814 6	57.85
重庆	0.552 7	0.796 8	−44.15
天津	0.591 6	0.651 2	−10.07
宁夏	0.890 3	0.463 1	47.98
海南	0.631 4	0.262 4	58.44
浙江	2.979 5	0.212 8	92.86
青海	0.214 9	0.206 0	4.15
北京	0.548 7	0.192 5	64.93
上海	0.388 1	0.038 7	90.03

注：负号代表增长；辽宁、西藏缺失数据。

以各省份总氮排放量/猪当量表示总氮的排放强度。由图3-13可知，全国畜禽养殖业的平均总氮排放强度为6.26万吨/亿头，超过全国平均总氮排放强度的省份共17个。其中排放强度较大的是内蒙古、青海，排放强度分别13.00万吨/亿头、12.24万吨/亿头；排放强度较低的是浙江、福建和上海，排放强度分别为1.57万吨/亿头、2.78万吨/亿头、2.92万吨/亿头。

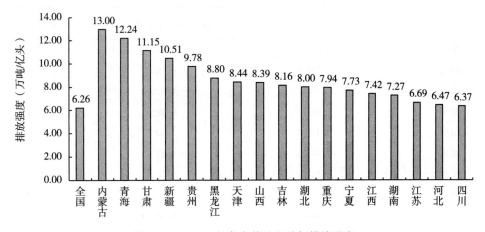

图3-13　2017年畜禽养殖业总氮排放强度

（2）总磷排放与削减情况

畜禽养殖业总磷排放量最大的省份是河南，排放量为0.99万吨；然后是广东、湖南，排放量分别为0.93万吨、0.89万吨；排放量较小的是上海、北京、青海，排放量分别为0.01万吨、0.03万吨、0.04万吨。31个省份平均排放量为0.37万吨，超过平均值的省份有12个，占全国总排放量的69.18%。2017年畜禽养殖业总磷排放量前十省份的排放量及削减率（2007—2017年）如图3-14所示。

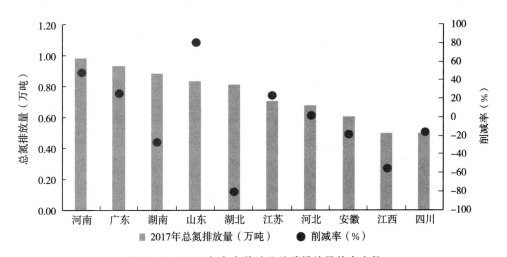

图3-14　2017年畜禽养殖业总磷排放量前十省份

2017年畜禽养殖业全国总磷削减率为25.39%。其中浙江、山东、上海三地区削减率超过80%，分别为89.75%、81.42%、81.01%；有16个省份的削减率为负值，排放量有所上升。畜禽养殖业的磷污染仍是较为主要的问题，上升较多的为甘肃、宁夏、贵州、青海。全国各省份/地区总磷排放与削减情况如表3-5所示。

表3-5 全国各省份总磷排放与削减情况

省份/地区	2007年总磷排放量（万吨）	2017年总磷排放量（万吨）	总磷削减率（%）
全国	16.041 4	11.968 0	25.39
河南	1.946 6	0.985 9	49.35
广东	1.263 7	0.929 1	26.48
湖南	0.698 3	0.885 2	−26.76
山东	4.488 7	0.833 9	81.42
湖北	0.451 5	0.813 5	−80.17
江苏	0.916 8	0.701 7	23.47
河北	0.687 3	0.675 6	1.71
安徽	0.508 9	0.603 0	−18.49
江西	0.321 0	0.498 5	−55.33
四川	0.428 7	0.496 9	−15.93
山西	0.186 9	0.484 1	−158.97
吉林	0.297 0	0.372 0	−25.24
黑龙江	0.488 2	0.367 3	24.75
广西	0.379 7	0.362 2	4.63
云南	0.122 7	0.279 0	−127.47
甘肃	0.053 8	0.263 1	−389.23
内蒙古	0.222 8	0.211 0	5.29
新疆	0.069 9	0.200 7	−187.19
贵州	0.048 1	0.189 7	−293.96
福建	0.680 7	0.189 0	72.23
陕西	0.125 4	0.173 8	−38.57
重庆	0.116 4	0.160 6	−38.05
天津	0.079 8	0.133 9	−67.65
宁夏	0.023 3	0.099 3	−325.73
海南	0.078 6	0.056 8	27.73
浙江	0.375 1	0.038 5	89.75
青海	0.011 2	0.035 5	−217.38
北京	0.069 5	0.025 5	63.40
上海	0.032 7	0.006 2	81.01

注：负号代表增长；辽宁、西藏缺失数据。

以各省份总磷排放量/猪当量表示畜禽养殖业总磷的排放强度。由图3-15可知，全国畜禽养殖业的平均总磷排放强度为1.26万吨/亿头，超过全国平均总磷排放强度的共16个省份，其中排放强度较大的是广西、贵州、湖南，排放强度分别3.76万吨/亿头、3.62万吨/亿头、3.47万吨/亿头。排放强度较低的是海南、浙江、甘肃，排放强度分别为0.09万吨/亿头、0.28万吨/亿头、0.43万吨/亿头。

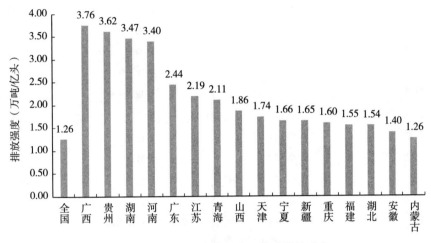

图3-15　2017年畜禽养殖业总磷排放强度

(3) 氨氮排放情况

畜禽养殖业氨氮排放量最大的省份是河南，排放量为0.92万吨，然后是山东、河北，排放量分别为0.88万吨、0.87万吨，排放量最小的是上海、北京、新疆生产建设兵团，排放量分别为0.006 9万吨、0.039 0万吨、0.045 5万吨。31省份平均排放量为0.35万吨，超过平均值的省份有12个，占到全国总排放量的70.87%。2017年畜禽养殖业氨氮排放量前十省份排放量（2007—2017年）如图3-16所示，全国各省份氨氮排放与削减情况见表3-6。

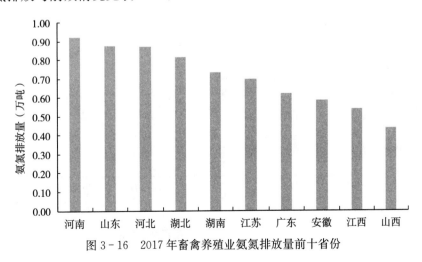

图3-16　2017年畜禽养殖业氨氮排放量前十省份

表 3-6 全国各省份氨氮排放与削减情况

省份/地区	2017 年氨氮排放量 （万吨）	省份/地区	2017 年氨氮排放量 （万吨）
全国	11.087 8	广西	0.256 9
河南	0.919 5	福建	0.246 2
山东	0.877 8	甘肃	0.228 6
河北	0.870 7	云南	0.202 5
湖北	0.815 2	陕西	0.151 1
湖南	0.730 6	天津	0.121 2
江苏	0.698 0	贵州	0.110 8
广东	0.621 7	重庆	0.105 6
安徽	0.581 2	宁夏	0.065 5
江西	0.538 3	青海	0.050 0
山西	0.436 6	浙江	0.048 1
四川	0.394 6	海南	0.045 6
黑龙江	0.373 2	新疆生产建设兵团	0.045 5
内蒙古	0.322 4	北京	0.039 0
吉林	0.318 2	上海	0.006 9
新疆	0.312 4		

注：辽宁、西藏缺失数据。

以各省份氨氮排放量/猪当量表示畜禽养殖业氨氮的排放强度。由图 3-17 可知，2017 年，全国畜禽养殖业的平均氨氮排放强度为 1.16 万吨/亿头，超过全国平均氨氮排放强度的共 16 个省份，其中排放强度较大的是青海、新疆生产建设兵团、内蒙

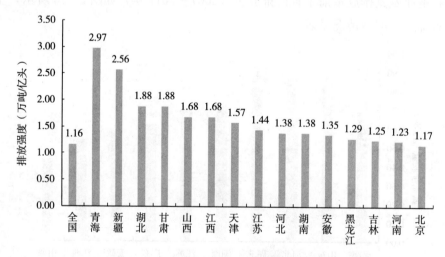

图 3-17 2017 年畜禽养殖业氨氮排放强度

古，排放强度分别为 2.97 万吨/亿头、2.56 万吨/亿头、1.92 万吨/亿头。排放强度较低的是浙江、上海和广西，排放强度分别为 0.35 万吨/亿头、0.52 万吨/亿头、0.68 万吨/亿头。

（4）COD 排放与削减情况

2017 年，畜禽养殖业 COD 排放量最大的省份是河南，排放量为 77.79 万吨；然后是山东、河北，排放量分别为 70.57 万吨、65.61 万吨；排放量较小的是上海、浙江，排放量分别为 0.54 万吨、2.45 万吨。31 省份平均排放量为 32.28 万吨，超过平均值的省份有 14 个，占全国总排放量的 72.31%。2017 年畜禽养殖业 COD 排放量前十省份的排放量及削减率（2007—2017 年）如图 3 - 18 所示。

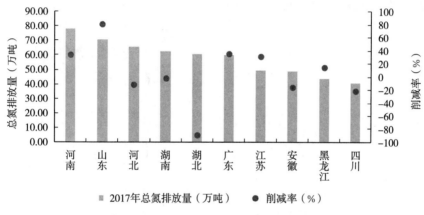

图 3 - 18　2017 年畜禽养殖业 COD 排放量前十省份

2017 年畜禽养殖业全国 COD 削减率 21.11%。其中浙江、山东削减率超过 80%，分别为 92.22%、80.27%；有 18 个省份削减率为负值，排放量有所上升。畜禽养殖业的 COD 污染量在全国大部分地区仍呈增加趋势，上升较高的分别为甘肃、贵州、云南、青海。全国各省份 COD 排放与削减情况如表 3 - 7 所示。

表 3 - 7　全国各省份 COD 排放与削减情况

省份/地区	2007 年 COD 排放量（万吨）	2017 年 COD 排放量（万吨）	COD 削减率（%）
全国	1 268.260 5	1 000.531 8	21.11
河南	118.648 0	77.791 3	34.44
山东	357.728 2	70.565 1	80.27
河北	58.502 0	65.607 3	−12.15
湖南	60.586 5	62.145 9	−2.57
湖北	31.977 3	60.456 1	−89.06
广东	92.224 5	60.181 2	34.74
江苏	72.452 4	49.648 8	31.47

（续）

省份/地区	2007 年 COD 排放量（万吨）	2017 年 COD 排放量（万吨）	COD 削减率（%）
安徽	41.641 2	48.490 4	−16.45
黑龙江	51.451 2	44.062 3	14.36
四川	33.473 3	40.754 2	−21.75
山西	15.469 6	40.662 0	−162.85
吉林	23.616 0	35.412 3	−49.95
江西	25.569 2	34.815 8	−36.16
内蒙古	19.827 3	32.863 0	−65.75
甘肃	6.344 7	28.452 9	−348.45
广西	29.889 7	27.035 4	9.55
云南	7.793 4	26.898 7	−245.15
新疆	13.627 2	20.410 8	−49.78
贵州	3.993 8	17.385 6	−335.31
陕西	13.663 5	14.512 9	−6.22
重庆	8.506 2	13.300 5	−56.36
天津	6.530 7	12.066 1	−84.76
福建	55.163 4	11.640 2	78.90
宁夏	5.993 0	10.621 5	−77.23
海南	5.816 0	4.394 7	24.44
青海	1.136 0	3.668 4	−222.92
北京	5.069 0	2.603 5	48.64
浙江	31.476 9	2.449 2	92.22
上海	2.566 2	0.536 0	79.11

注：负号代表增长；辽宁、西藏缺失数据。

以各省份 COD 排放量/猪当量表示畜禽养殖业 COD 的排放强度。由图 3 - 19 可知，2017 年全国畜禽养殖业平均 COD 排放强度为 105.02 万吨/亿头，超过全国平均 COD 排放强度的省份共 15 个，其中排放强度较大的是甘肃、青海、内蒙古，排放强度分别为 233.53 万吨/亿头、217.90 万吨/亿头、196.01 万吨/亿头。排放强度较低的是浙江、福建和上海，排放强度分别为 18.03 万吨/亿头、34.32 万吨/亿头、40.45 万吨/亿头。

因此，从水污染物排放强度来看，西部地区如青海、甘肃、新疆等是全国畜禽养殖业的重点污染排放省份，总氮、总磷、氨氮、COD 排放强度处于全国前列，需要进一步提升畜禽养殖业的清洁生产程度，减少因此带来的水污染。

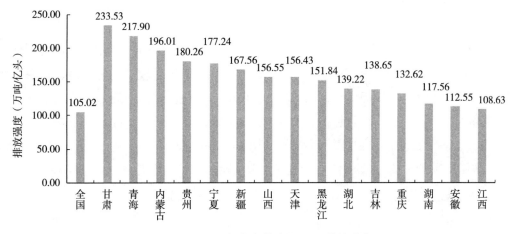

图 3-19　2017 年畜禽养殖业 COD 排放强度

3.2.2　粪尿产生及利用情况

（1）粪便产生情况

图 3-20 展示了全国各省份/地区畜禽养殖业粪便排放强度及粪便产生量。2017 年畜禽养殖业全国粪便产生总量为 3.63 亿吨，其中产生量较高的为山东、河北、河南，产生量分别为 4 376.06 万吨、3 125.01 万吨、2 685.7 万吨，产生量较低的为上海和海南，产生量分别为 55.78 万吨、149.47 万吨。全国粪便平均排放强度（粪便产生量/猪当量）为 0.380 吨/头，有 14 个省份粪便排放强度超过全国平均水平，其中宁夏、新疆、青海排放强度较高，分别为 0.997 吨/头、0.966 吨/头、0.945 吨/头，广东、广西、四川排放强度较低，分别为 0.211 吨/头、0.244 吨/头、0.254 吨/头。

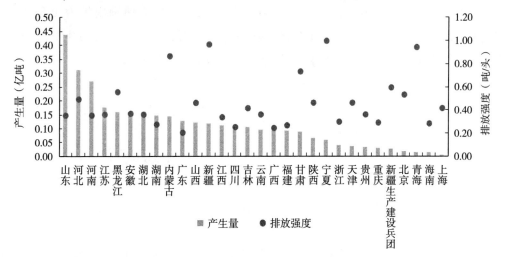

图 3-20　2017 年全国各省份/地区畜禽养殖业粪便排放强度及粪便产生量

（2）尿液产生情况

图 3-21 展示了全国各省份/地区畜禽养殖业尿液排放强度及尿液产生量。2017 年畜禽养殖业全国尿液产生总量为 2.64 亿吨，其中产生量较高的为河南、山东、湖南，分别为 2 155.95 万吨、1 998.79 万吨、1 815.34 万吨，产生量较低的为上海、青海、北京，产生量分别为 60.69 万吨、94.49 万吨、108.91 万吨。全国尿液平均排放强度（尿液产生量/猪当量）为 0.277 吨/头，有 19 个省份尿液排放强度超过全国平均水平，其中青海、宁夏、新疆排放强度较高，分别为 0.561 吨/头、0.528 吨/头、0.521 吨/头，山东、福建、山西排放强度较低，分别为 0.162 吨/头、0.207 吨/头、0.217 吨/头。

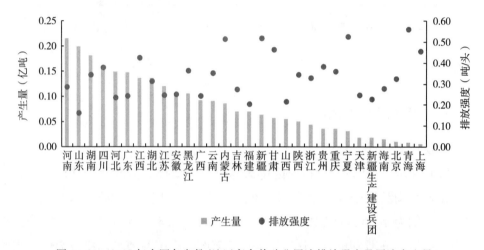

图 3-21　2017 年全国各省份/地区畜禽养殖业尿液排放强度及尿液产生量

（3）粪尿利用情况

粪尿利用情况分别以规模化畜禽养殖场、畜禽养殖专业户进行分析。

①规模化畜禽养殖场。2017 年全国规模化畜禽养殖场粪便利用量为 1.88 亿吨，综合利用率为 85.07%，全国各省份利用率均达到 70% 以上，我国规模化畜禽养殖场粪便资源化取得有效成果。其中利用率较高的地区为浙江、福建、新疆，利用率分别为 98.98%、97.18%、95.21%；利用率较低的地区为吉林、贵州、西藏，利用率分别为 74.77%、76.03%、76.90%。2017 年全国规模化畜禽养殖场粪便利用率排名前十省份的利用率及利用量如图 3-22 所示。

2017 年全国规模化畜禽养殖场尿液污水利用量为 3.36 亿吨，综合利用率为 86.15%，除福建、青海外，其余各省份利用率均达到 70% 以上，我国规模化畜禽养殖场尿液污水资源化取得有效成果。其中利用率较高的地区为安徽、河南、上海，利用率均达到 90% 以上；利用率较低的地区为青海、福建，利用率分别为 59.67%、59.72%。2017 年全国规模化畜禽养殖场尿液污水利用率排名前十省份的利用率及利用量如图 3-23 所示。

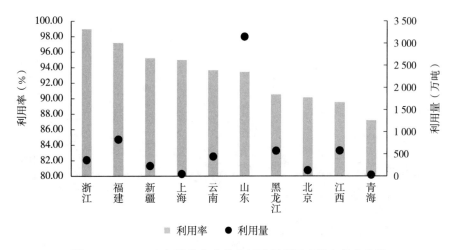

图 3-22　2017 年规模化畜禽养殖场粪便利用率排名前十省份

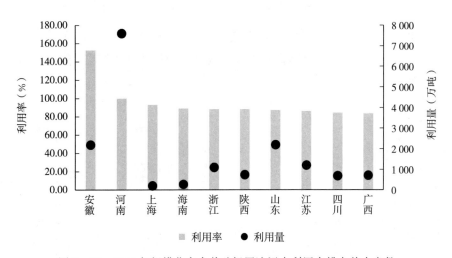

图 3-23　2017 年规模化畜禽养殖场尿液污水利用率排名前十省份

②畜禽养殖专业户。2017 年全国畜禽养殖专业户粪便利用量为 1.20 亿吨，综合利用率为 84.51%，全国各省份利用率均达到 60% 以上，我国畜禽养殖专业户粪便资源化取得有效成果。其中利用率较高的地区为安徽、浙江、内蒙古，利用率均达到 95% 以上；利用率较低的地区为西藏、湖北、吉林，利用率分别为 65.53%、73.66%、74.38%。2017 年全国畜禽养殖专业户粪便利用率排名前十省份/地区的利用率及利用量如图 3-24 所示。

2017 年全国畜禽养殖专业户尿液利用量为 0.94 亿吨，综合利用率为 78.33%，除天津、新疆生产建设兵团、福建、青海外，其余各省份利用率均达到 60% 以上，我国畜禽养殖专业户尿液污水资源化取得较为有效成果。其中利用率较高的地区为浙江、内蒙古、上海，利用率均达到 90% 以上，分别为 99.39%、92.89%、91.57%；

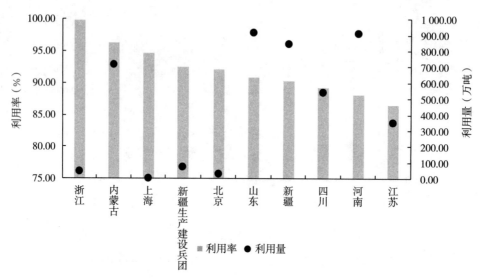

图 3-24　2017 年畜禽养殖专业户粪便利用率排名前十省份/地区

利用率较低的地区为天津、新疆生产建设兵团、福建，利用率分别为 42.07％、53.95％、58.51％。2017 年全国畜禽养殖专业户尿液利用率排名前十省份的利用率及利用量如图 3-25 所示。

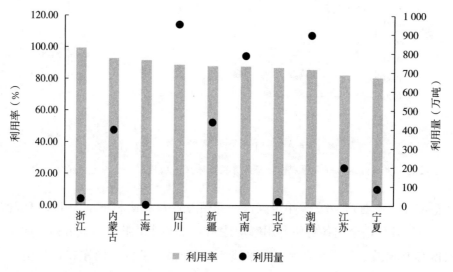

图 3-25　2017 年畜禽养殖专业户尿液利用率排名前十省份

3.3　水产养殖业污染排放情况

3.3.1　各省份水产养殖业污染物排放对比

（1）各省份水产养殖业总氮排放对比

2017 年，总氮排放量最大的省份分别是福建和广东，排放量分别为 1.56 万吨和

1.38 万吨，然后是江苏和广西，排放量分别为 8 077.14 吨、7 862.34 吨，排放量最小的为新疆生产建设兵团，排放量为 74.79 吨，然后是甘肃，排放量为 68.70 吨，排放量最高和最低的省份之间数值甚远。

对比一污普与二污普可知，全国水产养殖业总氮排放量增长 21%，其中山西等 14 个省份均高于平均值，说明近年来我国水产养殖业在发展的同时产生的污染也进一步扩大。而水产养殖业水污染物排放中仅有 8 个省份总氮排放量呈现下降趋势，其中天津、湖北、河北、北京四省份下降幅度较明显，均降低 50% 以上（图 3-26）。青海、云南、江西等 22 个省份总氮排放量均有不同程度提高，其中江西、广西的增长幅度超过 1 倍，青海与云南的增长幅度分别达到 739.42 倍与 11.26 倍（图 3-27）。

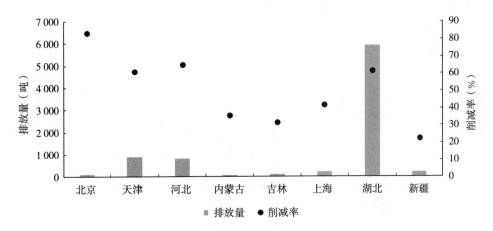

图 3-26　2017 年水产养殖业总氮排放量降低的省份

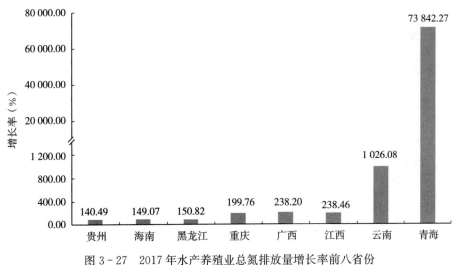

图 3-27　2017 年水产养殖业总氮排放量增长率前八省份

（2）各省份水产养殖业总磷排放对比

2017年，总磷排放量最大的省份是福建，排放量为2 785.71吨，然后是广东和广西，排放量分别为2 680.05吨、1 797.23吨，排放量最小的为吉林，排放量为8.72吨，排放量最高和最低的省份之间差距较大。

2017年，我国水产养殖业水污染物中总磷排放整体略有升高，升高幅度仅为3%。图3-28显示了二污普削减率高于全国水平的各省份/地区总磷排放情况和削减率。由各省数据计算可知，北京、天津等17个省份总磷排放量削减率高于全国平均水平，同时污染物排放比例下降超过50%以上的省份有北京、天津、河北、内蒙古等8个省份，这些地区总磷减排已经取得了较好的成就。图3-29显示了总磷排放量增长率变化情况，青海、云南、广西、海南的总磷排放量增长相对较快，分别增长了644.72倍、13.28倍、4.14倍、4.12倍。

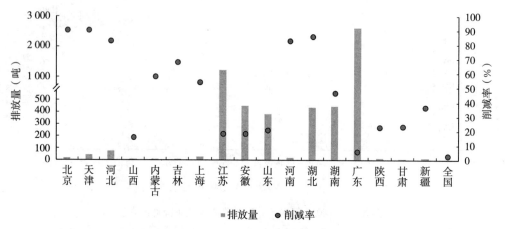

图3-28　2017年水产养殖业总磷排放量削减率高于全国平均水平的省份/地区

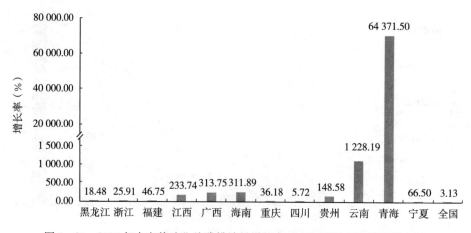

图3-29　2017年水产养殖业总磷排放量增长高于全国平均水平的省份/地区

（3）各省份水产养殖业 COD 排放对比

2017 年，COD 排放量较大的省份分别为是江苏和湖北，排放量分别为 16.26 万吨和 12.49 万吨。排放量较小的为青海，排放量为 7.59 吨，排放量最高和最低的省份之间差距较大。

从各省 COD 排放情况来看，超过全国 COD 增长率水平的共有 15 个省份，其中青海、湖南、云南等 8 个省份 COD 增长速度均超过 157%。由此可见，经济高速发展的背后隐藏着 COD 排放量的爆发式增长。同时，以河北、北京、福建为代表的 7 个省份的 COD 排放量降低程度均高达 50% 以上（图 3-30、图 3-31）。

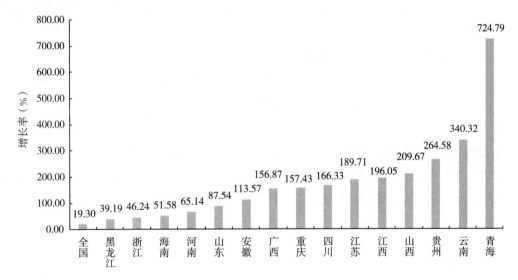

图 3-30　2017 年水产养殖业 COD 排放量削减率水平高于全国平均水平的省份/地区

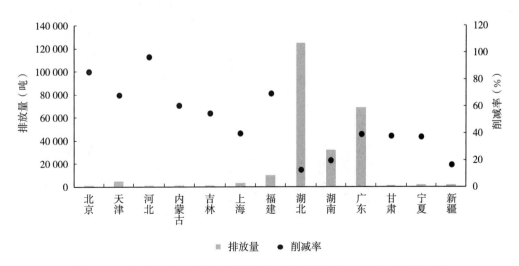

图 3-31　2017 年水产养殖业 COD 排放量增长率高于全国平均水平的省份

3.3.2 各省份水产养殖业单位产量排放强度削减率对比

从全国层面来看，据《中国统计年鉴》统计，2017 年我国水产养殖产量已达到 4 906.0 万吨，占水产总产量的 76.12%。与 2007 年相比，二污普期间我国水产养殖产量增加了 49.65%，水产养殖产量占水产品总产量比例上升了 7 个百分点。我国水产养殖行业已经取得了显著成就。同时根据水产养殖产量及总排污量可以计算出单位产量排污强度。根据《第二次全国污染源普查公报》及《中国渔业统计年鉴》发布的数据计算可知，二污普水产养殖业单位产量的排放强度分别为：总氮 2.02 千克/吨，总磷 0.33 千克/吨，COD 13.6 千克/吨。与一污普相比，总氮、总磷、COD 的单位产量排放强度分别降低了 19.34%、31.04% 和 20%。

(1) 单位产量总氮排放强度削减率对比

从各省层面来看，各省份间单位产量污染物排放强度仍存在较大差异。与一污普相比，总氮单位产量排放强度总体下降趋势明显，但西部地区的四川、广西、云南、青海、重庆，东部地区的海南，东北地区的黑龙江及中部地区的江西总氮的单位产量排放强度均呈上升趋势。其中有 17 个省份排放量强度削减率高于全国平均水平，湖北、北京等 8 个省份削减率均达到 50% 及以上。而仅有青海、云南等 8 个省份总氮单位产量排放强度处于增长状态，其中青海增长速度极快，达到上千倍（图 3-32、图 3-33）。

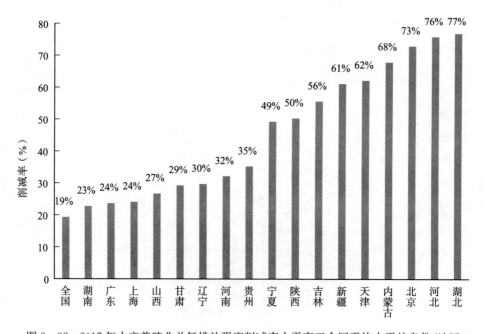

图 3-32　2017 年水产养殖业总氮排放强度削减率水平高于全国平均水平的省份/地区

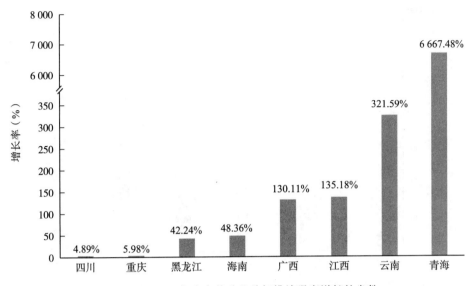

图 3-33 2017 年水产养殖业总氮排放强度增长的省份

（2）单位产量总磷排放强度削减率对比

总磷单位产量排放强度仅有 6 个省份增长，包括江西、云南、青海、广西、北京、海南，其他各省排放强度均有不同程度减弱，且减弱程度较为明显。其中有 20 个省份单位产量总磷排放量强度低于全国水平，削减率为 50% 以上的省份有 11 个（图 3-34、图 3-35）。

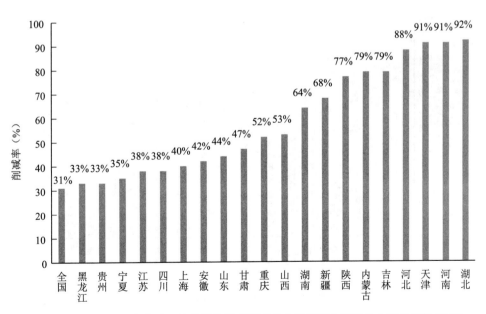

图 3-34 2017 年水产养殖业总磷排放强度削减率水平高于全国平均水平的省份/地区

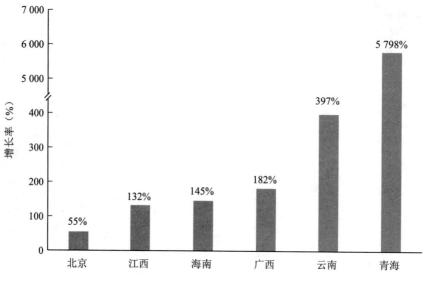

图 3-35　2017 年水产养殖业总磷排放强度增长的省份

（3）单位产量 COD 排放强度削减率对比

由图 3-36 可知，16 个省份 COD 排放强度削减率高于全国平均水平，其中 12 个省份的减弱程度高于 50%，6 个省份的削减率高达 70% 以上。江西、云南等 9 个省份 COD 单位产量污染物排放强度处于增长状态。其中湖南、江西、江苏的增长程度超过一倍（图 3-37）。

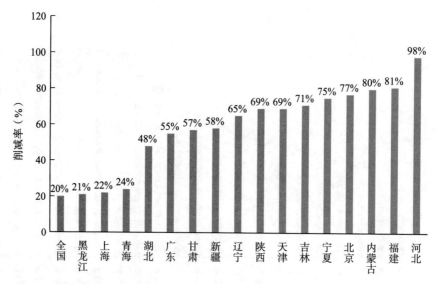

图 3-36　2017 年水产养殖业 COD 排放强度削减率水平高于全国平均水平的省份/地区

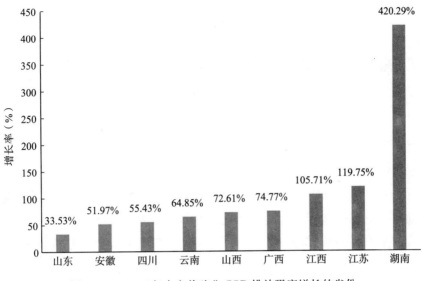

图 3-37　2017 年水产养殖业 COD 排放强度增长的省份

3.3.3　水污染物主要来源于淡水养殖污染

从全国各省份来看，天津、河北、江苏、广东、辽宁、浙江、福建、山东、广西、海南等沿海城市存在海水养殖，其他各省主要是以淡水养殖为主。由此可见淡水养殖是我国水污染物排放的最主要来源。

通过二污普数据可知，海水养殖中总氮、总磷、氨氮以及 COD 占水污染物的比例低于 5% 的省份有天津、河北、江苏；而辽宁、浙江、山东、广东、广西、海南等 6 省份海水养殖总氮、总磷、氨氮以及 COD 占水污染物的比例相对较高，但各项污染指标均低于 35.5%（表 3-8），明显低于淡水养殖排放。

表 3-8　2017 年海水养殖各类污染物占总水污染的比例（%）

省份	总氮	总磷	氨氮	COD
天津	0.10	0.10	0	0
河北	4.60	3.10	3	3.70
辽宁	21.90	28.20	35.50	31.20
浙江	23.70	24.90	5.80	10.20
江苏	0.70	0.70	1.20	0.40
山东	25.40	25.10	10.10	13.90
广东	23.20	19.10	10.30	9.80
广西	10.70	8.70	2.20	4.90
海南	25.30	17.70	18.50	7.20

4 分区域农业污染源情况分析

4.1 长江流域

《长江保护法》于 2021 年 3 月 1 日起施行。第六章共 11 条，规定绿色发展措施，包括科学确定养殖规模和养殖密度、强化水产养殖投入品管理等。

长江流域是主要的磷排放区域。2017 年长江流域水污染物排放量为总氮 50.92 万吨、总磷 7.71 万吨、氨氮 8.1 万吨、COD 314.73 万吨，分别占全国总排放量的 16.74%、24.45%、8.41%、14.68%（图 4-1）。其中总磷占比接近全国水污染物排放量的 1/4。总磷是长江的主要污染物，主要与三磷产业（磷矿、磷化工、磷石膏库）有关，"三磷"治理成为长江经济带尤其是中上游地区水环境治理的关键节点（赵玉婷等，2020）。推进磷矿业加工转型升级，优化磷矿资源开发保护格局；科学合理布局磷化工产业，推进涉磷化工园区规范化建设；加大磷石膏堆存历史遗留问题的整治和监控，谨防磷石膏综合利用带来新的环境风险。长江流域农业磷污染存在明显的地域性差异。长江下游地区农业磷污染的排放强度远高于中、上游地区。长江下游地区主要由种植业产生磷污染，畜禽养殖业磷污染排放主要集中在长江上游地区（韦新东等，2021）。

长江流域中，监利县的总氮、总磷、氨氮、COD 排放量均居于前三。其中，总氮、总磷排放量监利县居于第一，氨氮、COD 排放量丰城市居于第一。流域种植业、畜禽养殖业等拉动区域经济发展的同时也带来了严重的环境问题。流域内污染物排放量前十的县污染物总量占长江流域污染物总量分别为总氮 6.13%、总磷 6.71%、氨氮 7.13%、COD 8.44%。

4.2 黄河流域

2017 年黄河流域水污染物排放量为总氮 9.38 万吨、总磷 1.55 万吨、氨氮 1.46 万吨、COD 120.02 万吨，分别占全国总排放量的 3.08%、4.91%、1.52%、5.60%，其中 COD 占比最高（图 4-1）。黄河流域水质较差，主要原因有黄河流域水土流失严重、工业企业污水排放、流域生活及农业污水排放，黄河已经形成由工业点源污染转变为工业、农业、生活三方污染源交织的现状，污染结构和污染因子多样并存（边莉等，2020）。

2019 年 8 月至 2019 年 9 月，习近平总书记先后到甘肃、河南两省视察，均提到黄河流域的治理问题，并在郑州市召开的黄河流域生态保护和高质量发展座谈会上指出："黄河流域的工业、城镇生活和农业面源三方面污染，加之尾矿库污染，使得 2018 年黄河 137 个水质断面中，劣 V 类水占比达 12.4%，明显高于全国 6.7% 的平均水平"。2017 年，黄河流域畜禽养殖是影响 COD 排放量的直接因素，化肥是影响氨氮、总氮及总磷排放量的直接因素，不同污染物指标与主控因子之间呈现显著的线性相关关系（陶园等，2021）。

黄河流域中，卓尼县、滑县、土默特左旗均有三项及以上的污染物排放量居于黄河流域前三位。其中土默特左旗的总氮、COD 排放量位居第一，济源市总磷排放量位居第一，卓尼县氨氮排放量位居第一。黄河流域共涉及 329 个县（旗、市），其中全部位于黄河流域内的县（旗、市）共有 236 个，流域内污染物排放量前十的县污染物总量占黄河流域污染物总量分别为总氮 15.32%、总磷 16.41%、氨氮 18.14%、COD 16.60%。

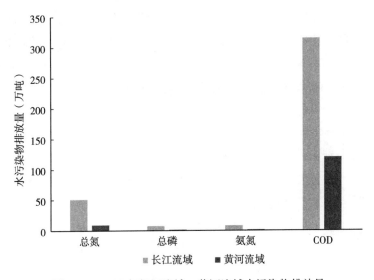

图 4-1　2017 年长江流域、黄河流域水污染物排放量

4.3　粮食先进县

根据总氮排放量分析，2017 年粮食先进县的总氮排放量为 32.01 万吨，占全国总氮排放量的 10.53%。其中总氮排放量前十的粮食先进县的总氮排放总量为 3.54 万吨，占全部粮食先进县的 11.06%。进一步分析，总氮排放量前三的粮食先进县分别为兴化市、监利县和钟祥市，总氮排放量分别为 5 821.98 吨、4 184.70 吨和

3 814.34 吨。总氮排放量前十的粮食先进县具体排放情况见图 4-2。

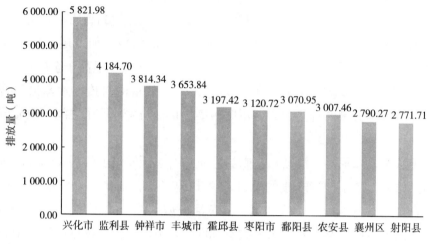

图 4-2　2017 年总氮排放量排名前十的粮食先进县

根据总磷排放量分析，2017 年粮食先进县的总磷排放量为 4.85 万吨，占全国总磷排放量的 15.38%。其中总磷排放量前十的粮食先进县的总磷排放总量为 0.54 万吨，占全部粮食先进县的 11.13%。进一步分析，总磷排放量前三的粮食先进县分别为兴化市、监利县和丰城市，总磷排放量分别为 1 086.36 吨、723.43 吨和 694.04 吨。总磷排放量前十的粮食先进县具体排放情况见图 4-3。

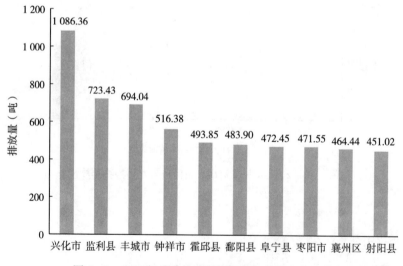

图 4-3　2017 年总磷排放量排名前十的粮食先进县

根据氨氮排放量分析，2017 年粮食先进县的氨氮排放量为 5.14 万吨，占全国氨氮排放量的 5.34%。其中氨氮排放量前十的粮食先进县的氨氮排放总量为 0.70 万吨，占全部粮食先进县的 13.62%。进一步分析，氨氮排放量前三的粮食先进县分别为兴化市、丰城市和桃源县，氨氮排放量分别为 1 691.67 吨、692.20 吨和 682.95 吨。氨氮排放量前十的粮食先进县具体排放情况见图 4-4。

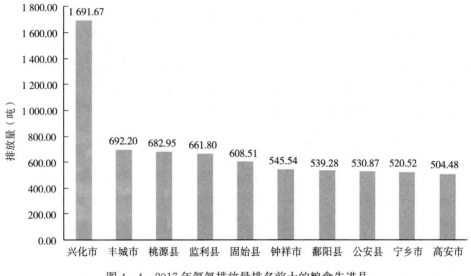

图 4-4　2017 年氨氮排放量排名前十的粮食先进县

根据 COD 排放量分析，2017 年粮食先进县的 COD 排放量为 285.96 万吨，占全国 COD 排放量的 13.34%。其中 COD 排放量前十的粮食先进县的 COD 排放总量为 42.80 万吨，占全部粮食先进县的 14.97%。进一步分析，COD 排放量前三的粮食先进县分别为兴化市、农安县和辽中区，COD 排放量分别为 10.41 万吨、4.95 万吨和 4.64 万吨。COD 排放量前十的粮食先进县具体排放情况见图 4-5。

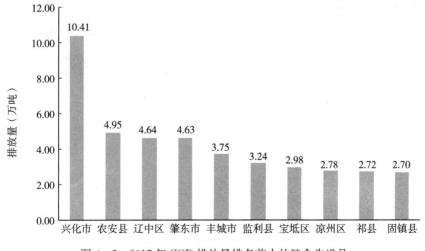

图 4-5　2017 年 COD 排放量排名前十的粮食先进县

4.4 养殖大县

根据总氮排放量分析,2017 年养殖大县的总氮排放量为 70.90 万吨,占全国总氮排放量的 23.32%。其中总氮排放量前十的养殖大县的总氮排放总量为 3.82 万吨,占全部养殖大县的 5.40%。进一步分析,总氮排放量前三的养殖大县分别为监利县、廉江市和兴宾区,总氮排放量分别为 4 184.70 吨、4 147.46 吨和 4 133.39 吨。总氮排放量前十的养殖大县具体排放情况见图 4-6。

图 4-6　2017 年总氮排放量排名前十的养殖大县

根据总磷排放量分析,2017 年养殖大县的总磷排放量为 10.88 万吨,占全国总磷排放量的 34.50%。其中总磷排放量前十的养殖大县的总磷排放总量为 0.64 万吨,占全部养殖大县的 5.88%。进一步分析,总磷排放量前三的养殖大县分别为廉江市、化州市和监利县,总磷排放量分别为 797.70 吨、760.32 吨和 723.43 吨。总磷排放量前十的养殖大县具体排放情况见图 4-7。

根据氨氮排放量分析,2017 年养殖大县的氨氮排放量为 11.14 万吨,占全国氨氮排放量的 11.56%。其中氨氮排放量前十的养殖大县的氨氮排放总量为 0.67 万吨,占全部养殖大县的 6.01%。进一步分析,氨氮排放量前三的养殖大县分别为福清市、新罗区和丰城市,氨氮排放量分别为 992.00 吨、696.93 吨和 692.20 吨。氨氮排放量前十的养殖大县具体排放情况见图 4-8。

根据 COD 排放量分析,2017 年养殖大县的 COD 排放量为 592.10 万吨,占全国 COD 排放量的 27.62%。其中 COD 排放量前十的养殖大县的 COD 排放总量为 38.90 万吨,占全部养殖大县的 6.57%。进一步分析,COD 排放量前三的养殖大县分别为农安县、辽中区和肇东市,COD 排放量分别为 4.95 万吨、4.64 万吨和 4.63 万吨。COD 排放量前十的养殖大县具体排放情况见图 4-9。

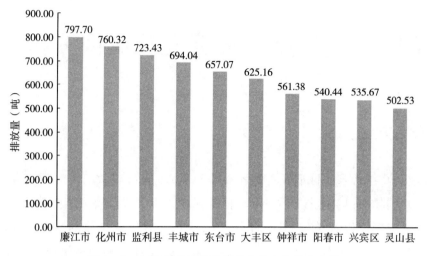

图 4-7　2017 年总磷排放量排名前十的养殖大县

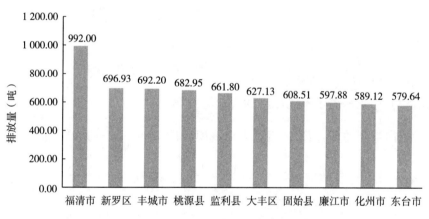

图 4-8　2017 年氨氮排放量排名前十的养殖大县

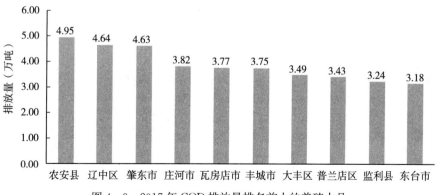

图 4-9　2017 年 COD 排放量排名前十的养殖大县

5 全国农业污染源形势变化成因分析

5.1 研究方法

20 世纪 80 年代末，日本著名学者 Yoichi Kaya 首次在政府间气候变化专门委员会（IPCC）国际研讨会上提出了 Kaya 恒等式，该恒等式反映了能源碳排放强度、人均 GDP、人口规模以及单位 GDP 能耗等因素对二氧化碳排放的影响。此后，Kaya 恒等式被诸多学者广泛应用于各区域和各行业的碳排放影响因素研究。基于 Kaya 恒等式，本研究将技术进步、结构调整、经济增长、人口规模等因素与农业污染建立某种关联，构建 LMDI 模型定量分解农业污染的驱动因素，其具体表达式如公式（1）所示。

$$EP = \frac{EP}{AGDP} \times \frac{AGDP}{GDP} \times \frac{GDP}{POP} \times POP = EP_{tec} \times EP_{str} \times EP_{GDP} \times EP_{pop} \quad (1)$$

公式（1）中 EP 表示不同类型的农业污染物的排放总量，$AGDP$ 表示农业产值，GDP 表示国内生产总值，POP 表示人口规模，$EP_{tec} = \frac{EP}{AGDP}$ 为单位农业产值污染物排放量，表示技术进步效应，$EP_{str} = \frac{AGDP}{GDP}$ 为农业产值占国内生产总值比重，表示结构调整效应，$EP_{GDP} = \frac{GDP}{POP}$ 为人均 GDP，表示经济增长效应，$EP_{pop} = POP$ 为人口规模，表示人口规模效应。

利用加法分解模型对公式（1）进行分解处理，得到农业污染的各驱动因素的贡献值，具体表达如公式（2）所示。

$$\Delta EP = EP_t - EP_0 = \Delta EP_{tec} + \Delta EP_{str} + \Delta EP_{GDP} + \Delta EP_{pop} = \omega \times \ln\left(\frac{EP_{tec_t}}{EP_{tec_0}}\right) +$$

$$\omega \times \ln\left(\frac{EP_{str_t}}{EP_{str_0}}\right) + \omega \times \ln\left(\frac{EP_{GDP_t}}{EP_{GDP_0}}\right) + \omega \times \ln\left(\frac{EP_{pop_t}}{EP_{pop_0}}\right) \quad (2)$$

公式（2）中 ΔEP 表示农业污染物的变化，即总效应；EP_t 和 EP_0 分别表示第 t 期排放量和基期排放量；ΔEP_{tec} 表示技术进步效应的贡献值；ΔEP_{str} 表示结构调整效应的贡献值；ΔEP_{GDP} 表示经济增长效应的贡献值；ΔEP_{pop} 表示人口规模效应的贡献值。其中，ω 的具体表达如公式（3）所示。

$$\omega = \frac{EP_t - EP_0}{\ln(EP_t) - \ln(EP_0)} \tag{3}$$

5.2 主要农业污染物变化成因分析

5.2.1 总氮

基于 LMDI 模型对我国农业污染物（总氮）的驱动因素进行分解，可得出 2007—2017 年技术进步、结构调整、经济增长和人口规模等驱动因素对我国农业污染（总氮）排放的贡献值（图 5-1）。由图 5-1 可知，2007—2017 年总氮排放总效应贡献值为−107.72 万吨，减排 43.34%，减排效果显著。一方面，技术进步效应和结构调整效应的贡献值为负值，分别为−273.03 万吨和−63.50 万吨，减排贡献率分别为 253.46% 和 58.95%，可见技术进步和结构调整分别是减少农业总氮排放的主要和次要因素，具有十分重要的意义。另一方面，经济增长效应和人口规模效应的贡献值均为正值，对总氮排放的贡献值分别为 219.14 万吨和 9.67 万吨，对总氮排放增长的贡献率分别为 203.43% 和 8.98%，可见经济增长和人口规模的增加分别是总氮排放量提升的主要和次要因素。

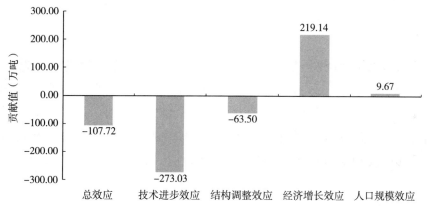

图 5-1　2007—2017 年我国农业污染（总氮）各驱动因素的贡献值

5.2.2 总磷

基于 LMDI 模型对我国农业污染物（总磷）的驱动因素进行分解，可得出 2007—2017 年技术进步、结构调整、经济增长和人口规模等驱动因素对我国农业污染（总磷）排放的贡献值（图 5-2）。由图 5-2 可知，2007—2017 年总磷排放的总效应贡献值为−7.20 万吨，减排 25.54%，减排效果较佳。一方面，技术进步效应和结构调整效应的贡献值为负值，贡献值分别为−28.60 万吨和−8.22 万吨，减排贡献率分别为 397.22% 和 114.17%，可见技术进步和结构调整分别是减少农业总磷排放的主要和次要因素。另一方面，经济增长效应和人口规模效应的贡献值均为正值，对总磷排放的贡献值分别为 28.36 万吨和 1.25 万吨，对总磷排放增长的贡献率分别为 393.89% 和 17.36%，可见经济增长和人口规模的增加分别是总磷排放量提升的主要和次要因素。

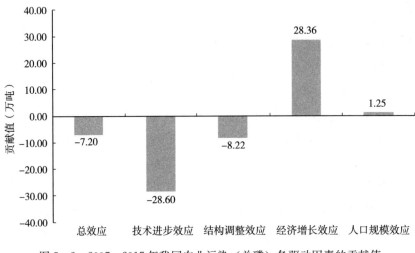

图 5-2　2007—2017 年我国农业污染（总磷）各驱动因素的贡献值

5.2.3　COD

基于 LMDI 模型对我国农业污染物（COD）的驱动因素进行分解，可得出 2007—2017 年技术进步、结构调整、经济增长和人口规模等驱动因素对我国农业污染物（COD）的贡献值（图 5-3）。由图 5-3 可知，2007—2017 年 COD 排放总效应的贡献值为−253.78 万吨，减排 19.41%，减排效果显著。进一步分析可得，一方面，技术进步效应和结构调整效应的贡献值为负值，贡献值分别为−1 287.24 万吨和

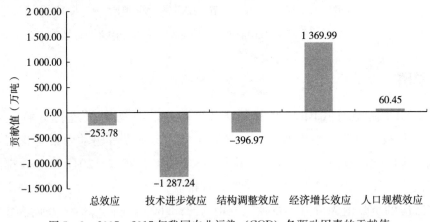

图 5-3　2007—2017 年我国农业污染（COD）各驱动因素的贡献值

—396.97 万吨，减排贡献率分别为 507.23％和 156.42％，可见技术进步和结构调整分别是减少农业 COD 排放的主要和次要因素；另一方面，经济增长效应和人口规模效应的贡献值均为正值，对 COD 排放的贡献值分别为 1 369.99 万吨和 60.45 万吨，对 COD 增长的贡献率分别为 539.83％和 23.82％，可见经济增长和人口规模的增加分别是 COD 排放量提升的主要和次要因素。

5.3 生态环境影响

5.3.1 水环境影响

近年来，农业面源污染已经成为我国水污染的重要来源。农业污染对地表水的影响主要表现为水体富营养化，而对地下水的影响主要是硝酸盐污染。目前，我国是世界上最大的化肥生产国和使用国，农业生产过程中过量和不合理的施用化肥，迫使硝酸盐和磷酸盐在土壤中不断累积，在降雨、径流、侵蚀等自然因素的作用下，污染物迁移转化，水体总氮和总磷浓度不断升高，带来水体富营养化的风险。

在农业生产中，各类营养物质进入水体的方式主要有化肥流失、畜禽粪便无序排放和水产养殖三种。我国化肥有效利用率不高，约三分之一的营养物质在复杂的土壤环境中通过挥发、转化、淋溶、径流等途径而损失，已经成为水体尤其是地表水和浅层地下水的重要污染源。大型养殖场中产生的畜禽粪便及废弃物的部分直接堆放在土壤上，粪便中的营养物质随雨水或者渗透等途径进入水体，造成水体富营养化。水产养殖中未被鱼类摄食的鱼饵、排泄物不断沉积，加速了水体富营养化程度，从而对水体环境产生直接影响。此外，部分地区地表水和地下水遭受农药残留的污染。

与一污普相比，我国水污染治理成效显著，地表水质整体改善明显。我国七大流域监测断面中，Ⅰ—Ⅲ类水质断面比例提升了 18.0％，劣Ⅴ类断面比例降低了 15.3％，地表水资源量增加了 2 958.4 亿米³。我国七大流域中（表 5-1），除黄河流域好于Ⅲ类水质断面比例有所下降外，其余各流域都有明显提高；各流域劣Ⅴ类的水质断面比例下降显著，特别是海河、辽河流域下降比例达 20％以上。

表 5-1 主要流域水质情况对比

流域	好于Ⅲ类的比例（％）			劣Ⅴ类的比例（％）			地表水资源量（亿米³）		
	2007	2017	变化	2007	2017	变化	2007	2017	变化
长江	81.5	84.5	3.0	6.8	2.2	−4.6	8 699.3	10 488.7	1 789.4
黄河	63.7	57.7	−6.0	22.7	16.1	−6.6	542.1	552.9	10.8
珠江	81.8	87.3	5.5	3.0	4.2	1.2	3 973.5	5 250.5	1 277.0

（续）

流域	好于Ⅲ类的比例（%）			劣Ⅴ类的比例（%）			地表水资源量（亿米³）		
	2007	2017	变化	2007	2017	变化	2007	2017	变化
松花江	23.85	68.5	44.7	19.0	5.6	−13.4	751.6	1 086.0	334.4
淮河	25.6	46.1	20.5	25.6	8.3	−17.3	1 086.2	699.8	−386.4
海河	25.9	41.7	15.8	53.1	32.9	−20.2	101.7	128.3	26.6
辽河	43.2	49.0	5.8	40.5	18.9	−21.6	313.8	22.4	−93.4
七大流域	49.9	67.9	18.0	23.6	8.3	−15.3	15 468.2	18 426.6	2 958.4

5.3.2　土壤环境影响

《第二次全国污染源普查公报》显示，2017 年，农业面源污染排放的总氮为 141.49 万吨、总磷为 21.2 万吨。目前，农业生产对土壤环境的影响主要表现在以下方面。第一，化肥的过量及不合理施用，改变了原有土壤的酸碱性，引发土壤板结、土壤肥力下降，从而造成农业生产能力下降。同时，部分化肥中含有的有害化学元素势必造成土壤污染。第二，高毒、持久性有机农药在土壤中的残留。有机氯农药等性能稳定，在土壤中半衰期较长不易降解，在土壤中迅速累积，造成土壤持续污染。有研究表明，农药的使用有 80%～90% 最终进入土壤环境中，农药毒性越强，在土壤中降解越慢，残留期越长，就越容易导致土壤污染（刘永红等，2016）。第三，地膜因其剥离强度低、易破损、回收难的特性，残留在土壤中很难清除，经过长期的积累造成土壤污染。地膜的主要成分是不易分解的高分子聚合物，在自然条件下难以降解，在土壤中长期累积残留的地膜会阻碍作物生长，对耕层土壤结构和农作物产量产生消极影响。此外，地膜残留亦会对人体或牲畜的健康造成严重威胁（袁平，2008）。第四，畜禽粪便中含有重金属和抗生素。目前，我国尚缺少畜禽粪便中重金属对土壤质量以及抗生素残留对土壤生态环境影响的系统性研究。

污染类型主要以无机型污染物为主。2014 年《全国土壤污染状况调查公报》显示，我国土壤环境状况总体仍不乐观，全国土壤总的点位超标率为 16.1%，其中轻微、轻度、中度和重度污染点位比例分别为 13.7%、2.8%、1.8% 和 1.1%。与 2004 年发布的调查公报相比，轻微、轻度和中度污染点位比例略有上升，而重度污染点位比例保持不变。

5.3.3　大气环境影响

农业生产不仅对大气环境具有净化作用，还会对大气质量产生不良影响。农田施肥和畜禽粪便产生的氨气等挥发性恶臭气体，以及农药直接挥发、飘逸都会对大气产生不良影响。

秸秆焚烧是我国空气污染的一个重要排放源。据生态环境部（原环保部）卫星环境应用中心进行的秸秆焚烧火点监测数据统计，全国年均秸秆焚烧火点数量下降明显。2004—2005 年秸秆焚烧火点分别为 12 352 个和 16 877 个，而 2016—2017 年秸秆焚烧火点分别为 7 624 个和 10 970 个，平均减少了 36.64%。

5.4 社会经济影响

5.4.1 农业经济影响

农业生产过程中化肥农药的过量和不合理施用，导致利用率较低，造成浪费，直接增加农业生产成本。同时，为满足粮食需求，我国化肥农药需求量将进一步增加。秸秆、畜禽粪污等农业废弃物含有丰富的营养物质，若处置不当，不但污染环境，而且造成了资源的巨大浪费。地膜残留破坏了土壤理化性状，阻碍土壤中水肥迁移，影响种子发芽，作物根系生长发育困难，阻碍作物正常吸收水分和养分，造成农作物产量下降。此外，地膜残留积累也会影响农事操作，增加农业生产成本。

与一污普相比，我国农业总产值十年间增长超过 2 倍，由 2007 年的 48 651.8 亿元增长到 109 331.7 亿元。

5.4.2 生产生活影响

过量或不合理施用化肥会降低农产品安全性，不但影响农产品品质和口感，而且影响人类健康。农药化肥的肆意乱用，造成农产品中有毒有害化学物质的残留，通过食物链的富集和放大效应，最终影响站在食物链顶端的人类，造成人体机能紊乱，甚至引发中毒及加大发生癌变比率。

6 全国农业污染源治理政策及成效

6.1 主要农业污染治理措施

6.1.1 综合治理措施及管理办法

2015 年 5 月 20 日，农业部等多部门联合印发《全国农业可持续发展规划（2015—2030 年）》，提出治理环境污染，改善农业农村环境。

（1）防治农田污染

全面加强农业面源污染防控，科学合理使用农业投入品，提高使用效率，减少农业内源性污染。普及和深化测土配方施肥，改进施肥方式，鼓励使用有机肥、生物肥料和绿肥。2020 年，全国测土配方施肥技术推广覆盖率达到 90％以上，化肥利用率提高到 40％，实现了化肥施用量零增长。

推广高效、低毒、低残留农药，生物农药和先进施药机械，推进病虫害统防统治和绿色防控。2020 年，全国农作物病虫害统防统治覆盖率达到 40％，实现了农药施用量零增长，京津冀、长三角、珠三角等区域提前一年完成。建设农田生态沟渠、污水净化塘等设施，净化农田排水及地表径流。

综合治理地膜污染，推广加厚地膜，开展废旧地膜机械化捡拾示范推广和回收利用。加快可降解地膜研发，预计到 2030 年农业主产区农膜和农药包装废弃物实现基本回收利用。开展农产品产地环境监测与风险评估，实施重度污染耕地用途管制，建立健全农业环境监测体系。

（2）综合治理养殖污染

支持规模化畜禽养殖场（小区）开展标准化改造和建设，提高畜禽粪污收集和处理机械化水平，实施雨污分流、粪污资源化利用，控制畜禽养殖污染排放。2020 年，我国养殖废弃物综合利用率达到 75％，预计到 2030 年，我国养殖废弃物综合利用率达 90％以上，规模化畜禽养殖场的粪污实现基本资源化利用，实现生态消纳或达标排放。

在饮用水水源保护区、风景名胜区等区域划定禁养区、限养区，全面完善污染治理设施建设。2017 年底前，依法关闭或搬迁了禁养区内的规模化畜禽养殖场（小区）和畜禽养殖专业户，京津冀、长三角、珠三角等区域提前一年完成。

建设病死畜禽无害化处理设施，严格规范兽药、饲料添加剂生产和使用，健全兽药质量安全监管体系。严格控制近海、江河、湖泊、水库等水域的养殖容量和养殖密度，开展水产养殖池塘标准化改造和生态修复，推广高效安全复合饲料，逐步减少使用冰鲜杂鱼饵料。

2018年11月6日，生态环境部、农业农村部印发《农业农村污染治理攻坚战行动计划》，提出按照实施乡村振兴战略的总要求，强化污染治理、循环利用和生态保护，深入推进农村人居环境整治和农业投入品减量化、生产清洁化、废弃物资源化、产业模式生态化。2020年实现"一保两治三减四提升"："一保"，即保护农村饮用水水源，农村饮水安全更有保障；"两治"，即治理农村生活垃圾和污水，实现村庄环境干净整洁有序；"三减"，即减少化肥、农药使用量和农业用水总量；"四提升"，即提升主要由农业面源污染造成的超标水体水质、农业废弃物综合利用率、环境监管能力和农村居民参与度。

农业面源污染治理是生态环境保护的重要组成部分，事关农村生态文明建设，事关国家粮食安全和农业绿色发展。为加强农业面源污染治理的监督指导，为保护生态环境，维护国家粮食安全，为促进农业全面绿色转型，2021年3月23日，生态环境部办公厅、农业农村部办公厅印发的《农业面源污染治理与监督指导实施方案（试行）》（环办土壤〔2021〕8号）提出，到2025年，重点区域农业面源污染得到初步控制，农业生产布局进一步优化，化肥农药减量化稳步推进，规模以下畜禽养殖粪污综合利用水平持续提高，农业绿色发展成效明显。试点地区农业面源污染监测网络初步建成，监督指导农业面源污染治理的法规政策标准体系和工作机制基本建立。到2035年，重点区域土壤和水环境农业面源污染负荷显著降低，农业面源污染监测网络和监管制度全面建立，农业绿色发展水平明显提升。

（3）完善政策机制

形成政策保障，推动依法监管。

①健全法律法规制度。加强化肥农药生产经营管理和使用指导。明确规模以下畜禽养殖场（户）污染治理要求和责任。防止突发环境事件产生的废水、废液、固体废弃物直接排入农田。

②完善标准体系。完善农业面源污染防治与监督监测相关标准。指导各地制定种植业、水产养殖业尾水排放等标准规范。健全畜禽养殖业污染治理标准体系。

③优化经济政策。完善农业面源污染防治设施用地用电政策，落实有机肥产品生产销售、化肥农药减量、有机肥替代化肥等补贴和税收减免政策。

对开展畜禽粪肥运输、施用等社会化服务组织予以支持。将废弃物处理和资源化利用装备列入农机购置补贴目录，探索开展点源-面源排污交易试点。

推进农业水价综合改革，全面实行超定额用水累进加价，并同步建立精准补贴机制。鼓励有条件的地区探索建立污水垃圾处理农户缴费制度，综合考虑污染防治形势、经济社会承受能力、农村居民意愿等因素，合理确定缴费水平和标准。

研究建立农民施用有机肥市场激励机制，支持农户和新型农业经营主体使用有机肥、配方肥、高效缓控释肥料。研究制定有机肥厂、规模化大型沼气工程、第三方处理机构等畜禽粪污处理主体用地用电优惠政策，保障用地需求，按设施农业用地进行管理，享受农业用电价格。鼓励各地出台有机肥生产、运输等扶持政策，结合实际统筹加大秸秆还田等补贴力度。推进秸秆和畜禽粪污发电并网运行、电量全额保障性收购以及生物天然气并网。落实规模化畜禽养殖场粪污资源化利用和秸秆等农业废弃物资源化利用电价优惠政策。

④建立多元共治模式。指导地方编制农业面源污染防治实施方案，由政府制定目标任务，明确监督指导和保障措施；市场进行农资绿色配售、信息传导枢纽、专业技术管理，农户自觉使用绿色高效的肥料农药，并充分发挥社会化服务机构、农民合作经济组织的作用。完善中央统筹、省负总责、市县落实的工作推进机制。农业农村部牵头负责农村生活垃圾污水治理、农业污染源头减量和废弃物资源化利用。生态环境部对农业农村污染治理实施统一监督指导，会同农业农村部、住房城乡建设部等有关部门加强污染治理信息共享、定期会商、督导评估，形成一岗双责、齐抓共管的工作格局。

（4）加强监督管理

夯实基础能力，提升监管水平。

①开展农业污染源调查监测。逐步摸清化肥农药使用变化情况，开展农田灌溉用水和出水水质长期监测，加强规模水产养殖污染源监测，开展畜禽粪肥还田利用全链条监测。

②评估农业面源污染环境影响。制定农业面源污染环境监测技术规范，构建全国农业面源污染监测"一张网"，开展农业面源污染负荷评估，确定监管重点行业、重点地区和重点时段。

③加强农业面源污染长期观测。建设农业生态环境野外观测超级站，加强国家农业科学观测实验站建设，逐步实现对农业面源污染环境质量影响的动态评估。

④建设农业面源污染监管平台。各级地方政府将农业面源污染防治工作纳入绩效评估范畴，明确年度任务与评估指标。实施信息公开，拓宽投诉举报渠道，发挥群众监督作用。将农业面源污染治理存在的突出问题纳入中央生态环境保护督察范畴，强化农业面源污染治理突出问题监督。系统整合统计调查及监测数据，使用互联网、物联网等拓宽数据获取渠道，实现动态更新，发挥大数据在指导污染防治、推动农业绿色发展中的作用。

（5）推进污染防治

解决突出问题，形成治理模式。

①推进重点区域农业面源污染防治。确定优先治理区域，分区分类采取措施，重点关注种植业和畜禽养殖业。开展化肥农药减量增效行动、秸秆综合利用行动、农膜回收行动；合理确定养殖规模，促进畜禽粪污还田利用，推动种养循环。

②建立农业面源污染防治技术库。从源头减量、过程拦截、末端治理、循环利用多个方面入手。2018 年 7 月 2 日，农业农村部印发《农业绿色发展技术导则（2018—2030 年)》的通知，提出研制绿色投入品、研发绿色生产技术、发展绿色产后增值技术、创新绿色低碳种养结构与技术模式、发展绿色乡村综合发展技术与模式、加强农业发展基础研究、完善绿色标准体系。

③培育市场主体。培育各种形式的农业农村环境治理市场主体，采取城乡统筹、整县打包、建运一体等多种方式，吸引第三方治理企业、农民专业合作社等参与农村生活垃圾、污水治理和农业面源污染治理。落实和完善融资贷款扶持政策，鼓励融资担保机构按照市场化原则积极向符合支持范围的农业农村环境治理企业项目提供融资担保服务。推动建立农村有机废弃物收集、转化、利用网络体系，探索建立规模化、专业化、社会化运营管理机制。

④加大投入力度。建立地方为主、中央适当补助的政府投入体系。地方各级政府要统筹整合环保、城乡建设、农业农村等资金，加大投入力度，建立稳定的农业农村污染治理经费渠道。深化"以奖促治"政策，合理保障农村环境整治资金投入，并向贫困落后地区适当倾斜，让农村贫困人口在参与农业农村污染治理攻坚战中受益。支持地方政府依法合规发行政府债券筹集资金，用于农业农村污染治理。采取以奖代补、先建后补、以工代赈等多种方式，充分发挥政府投资的撬动作用，提高资金使用效率。构建公共财政支持、责任主体自筹和社会资金参与的多元化投入格局。

中央有关部门结合现有资金渠道，支持地方农业面源污染治理。鼓励地方按规定加强相关渠道资金和项目统筹整合。规范政府和社会资本合作，引导社会资本投向农业面源污染治理领域。加大绿色信贷、绿色债券对农业面源污染防治的支持力度，重点支持化肥农药减量增效、畜禽粪污资源化利用、秸秆综合利用、农膜回收利用、池塘养殖尾水利用处理等。

⑤提升科技支撑。成立农业面源污染防治专家组，开展长期跟踪和定期会商，为关键技术研究和重要政策咨询提供支撑，对试点示范地区强化技术帮扶。加强与高校、科研院所合作，整合科技资源，通过相关国家科技计划，加快以农业面源污染调查、监测、评估技术为重点的联合攻关，集中力量研发农业面源污染估算模型和源解析技术方法，研发先进的自动监测、快速监测设备，推广成熟适用技术。如在秸秆综合利用上，推进秸秆肥料化、饲料化、燃料化、基料化和原料化，秸秆深翻还田、免耕还田、堆沤还田，推广秸秆青黄贮饲料、打捆直燃、成型燃料生产等领域新技术。

6.1.2 具体治理措施及政策

（1）化肥零增长行动

以保障国家粮食安全和重要农产品有效供给为目标，牢固树立"增产施肥、经济施肥、环保施肥"理念，依靠科技进步，依托新型经营主体和专业化农化服务组织，集中连片整体实施，加快转变施肥方式，深入推进科学施肥，大力开展耕地质量保护与提升，增加有机肥资源利用，减少不合理化肥投入，加强宣传培训和肥料使用管理，走高产高效、优质环保、可持续发展之路，促进粮食增产、农民增收和生态环境安全。

①技术路径。一是精，即推进精准施肥。根据不同区域土壤条件、作物产量潜力和养分综合管理要求，合理制定各区域作物单位面积施肥限量标准，减少盲目施肥行为。

二是调，即调整化肥使用结构。优化氮、磷、钾配比，促进大量元素与中微量元素配合。适应现代农业发展需要，引导肥料产品优化升级，大力推广高效新型肥料。

三是改，即改进施肥方式。大力推广测土配方施肥，提高农民科学施肥意识和技能。研发推广适用施肥设备，改表施、撒施为机械深施、水肥一体化、叶面喷施等方式。

四是替，即有机肥替代化肥。通过合理利用有机养分资源，用有机肥替代部分化肥，实现有机无机相结合。提升耕地基础地力，用耕地内在养分替代外来化肥养分投入。

②重点任务。一是推进测土配方施肥。在总结经验的基础上，创新实施方式，加快成果应用，在更大规模和更高层次上推进测土配方施肥，拓展实施范围、强化农企对接、创新服务机制。创新肥料配方制定发布机制，完善测土配方施肥专家咨询系统，利用现代信息技术助力测土配方施肥技术推广。

二是推进施肥方式转变。充分发挥种粮大户、家庭农场、专业合作社等新型经营主体的示范带头作用，强化技术培训和指导服务，大力推广先进适用技术，促进施肥方式转变，推进机械施肥、水肥一体化、适期施肥技术。合理确定基肥施用比例，推广因地、因苗、因水、因时的分期施肥技术。因地制宜推广小麦、水稻叶面喷施和果树根外施肥技术。

三是推进新肥料新技术应用。立足农业生产需求，整合科研、教学、推广、企业力量，加大研发投入力度，追踪国际前沿技术，开展联合攻关，加强技术研发、加快新产品推广、集成推广高效施肥技术模式。结合高产创建和绿色增产模式攻关，按照土壤养分状况和作物需肥规律，分区域、分作物制定科学施肥指导手册，集成推广一批高产、高效、生态施肥技术模式。

四是推进有机肥资源利用。适应现代农业发展和我国农业经营体制特点，积极探索有机养分资源利用的有效模式，加大支持力度，鼓励引导农民增施有机肥。推进有机肥资源化利用、推进秸秆养分还田、因地制宜种植绿肥。充分利用南方冬闲田和果茶园的土肥水光热资源，推广种植绿肥。在有条件的地区，引导农民施用根瘤菌剂，促进花生、大豆和苜蓿等豆科作物固氮肥田。

五是提高耕地质量水平。加快高标准农田建设，完善水利配套设施，改善耕地基础条件。实施耕地质量保护与提升行动，改良土壤、培肥地力、控污修复、治理盐碱、改造中低产田，普遍提高耕地地力等级。2020 年，我国耕地基础地力提高 0.5 个等级以上，土壤有机质含量提高 0.2 个百分点，耕地酸化、盐渍化、污染等问题得到有效控制。通过加强耕地质量建设，提高耕地基础生产能力，确保在减少化肥投入的同时，保持粮食和农业生产稳定发展。

（2）农药零增长行动

坚持"预防为主、综合防治"的方针，树立"科学植保、公共植保、绿色植保"的理念，依靠科技进步，依托新型农业经营主体、病虫防治专业化服务组织，集中连片整体推进，大力推广新型农药，提升装备水平，加快转变病虫害防控方式，大力推进绿色防控、统防统治，构建资源节约型、环境友好型病虫害可持续治理技术体系，实现农药减量控害，保障农业生产安全、农产品质量安全和生态环境安全。

①技术路径。一是"控"，即控制病虫发生危害。应用农业防治、生物防治、物理防治等绿色防控技术，创建有利于作物生长、天敌保护而不利于病虫害发生的环境条件，预防控制病虫发生，从而达到少用药的目的。

二是"替"，即高效低毒低残留农药替代高毒高残留农药、大中型高效药械替代小型低效药械。开发应用现代植保机械，替代"跑冒滴漏"落后机械，减少农药流失和浪费。

三是"精"，即推行精准科学施药。重点是对症适时适量施药。在准确诊断病虫害并明确其抗药性水平的基础上，配方选药，对症用药，避免乱用药。根据病虫监测预报，坚持达标防治，适期用药。按照农药使用说明要求的剂量和次数施药，避免盲目加大施用剂量、增加使用次数。

四是"统"，即推行病虫害统防统治。扶持病虫防治专业化服务组织、新型农业经营主体，大规模开展专业化统防统治，推行植保机械与农艺配套，提高防治效率、效果和效益，解决一家一户"打药难""乱打药"等问题。

②重点任务。"一构建，三推进"，构建病虫监测预警体系，推进科学用药、推进绿色防控、推进统防统治。

（3）农膜回收行动

贯彻落实绿色发展理念，以西北为重点区域，以棉花、玉米、马铃薯为重点作物，以加厚地膜应用、机械化捡拾、专业化回收、资源化利用为主攻方向，完善扶持政策，加强试点示范，强化科技支撑，创新回收机制，推进农膜回收，提升废旧农膜资源化利用水平，防控白色污染，促进农业绿色发展。

建设回收利用示范县。在甘肃、新疆、内蒙古3个重点用膜区，以玉米、棉花、马铃薯3种覆膜作物为重点，选择100个覆膜面积10万亩以上的县，建立以旧换新、经营主体上交、专业化组织回收、加工企业回收等多种方式的回收利用机制，整县推进，形成技术可推广、运营可持续、政策可落地、机制可复制的示范样板。

探索生产者责任延伸制度。在甘肃、新疆选择4个县探索建立"谁生产、谁回收"的地膜生产者责任延伸制度试点，由地膜生产企业统一供膜、统一铺膜、统一回收，地膜回收责任由使用者转到生产者，农民由买产品转为买服务，推动地膜生产企业回收废旧地膜。

加强科技创新。依托国家农业废弃物循环利用创新联盟和农业农村部农膜污染防控重点实验室，重点开展残膜捡拾、加工利用、残膜分离等技术和设备研发。在13个省（区、市）选择试验示范点，开展全生物可降解地膜和非降解地膜对比试验，鼓励科研院所和企业，加快全生物可降解地膜的研发和推广应用。

推动政策体系建设。推动地膜新标准、农用地膜回收利用管理办法出台，加强对农用地膜生产、使用、回收、再利用等环节监管。推广甘肃、新疆"5个1"综合治理模式。推动对符合条件的地膜回收机具敞开补贴。研究制定地膜回收加工的税收、用电等支持政策。

（4）秸秆综合利用

开展秸秆综合利用工作是提升耕地质量、改善农业农村环境、实现农业高质量发展、绿色发展的重要举措。2011年11月29日，国家发展改革委、农业部、财政部印发并实施《"十二五"农作物秸秆综合利用实施方案》，"十二五"期间在13个粮食主产区、棉秆等单一品种秸秆集中度高的地区、交通干道、机场、高速公路沿线等重点地区，围绕秸秆肥料化、饲料化、基料化、原料化和燃料化等领域，实施秸秆综合利用试点示范，大力推广用量大、技术含量和附加值高的秸秆综合利用技术，实施一批重点工程。包括秸秆循环型农业示范工程、秸秆原料化示范工程、能源化利用示范工程、棉秆综合利用专项工程、秸秆收储运体系工程、产学研技术体系工程。

2015年，国家发展改革委、财政部、农业部、环保部联合印发了《关于进一步加快推进农作物秸秆综合利用和禁烧工作的通知》，要求各地统筹规划，坚持市场化的发展方向，在政策、资金和技术上给予支持，通过建立利益导向机制，支持秸秆代木、纤维原料、清洁制浆等新技术的产业化发展，完善配套产业及下游产品开发，延伸秸秆综合利用产业链。

2015 年以来，中央财政每年安排 5 亿元专项资金，在黑龙江、吉林、辽宁、内蒙古 4 省（区）选择 17 个县（市、区、旗）开展东北黑土地保护利用试点，围绕秸秆还田、增施有机肥、控制土壤侵蚀、耕作层深松耕、科学施肥灌溉核心措施，推广一批"可推广、可复制、能落地、接地气"的黑土保护综合技术模式。现行中央财政农机购置补贴资金补贴标准最高可达 30%，吉林省等部分地区在中央财政补贴的基础上，用省级资金给予 1∶1 的累加补贴，极大地促进了秸秆还田、离田利用机械水平的提高。

2016 年，国家发展改革委办公厅、农业部办公厅联合下发了《关于印发编制"十三五"秸秆综合利用实施方案的指导意见的通知》，指导各地围绕秸秆综合利用重点领域开展工程建设和示范推广，其中秸秆代木、清洁制浆、秸秆生物基产品等高值化、产业化利用方式是重点推广内容。同年，农业部会同财政部围绕构建环京津冀生态一体化屏障，投入资金 10 亿元，在河北、山西、内蒙古、辽宁、吉林、黑龙江、江苏、安徽、山东、河南 10 省（区）90 个县，按照"整县推进、多元利用、政府扶持、市场运作"的原则，开展了秸秆综合利用试点，围绕秸秆"五料化"利用和收储运体系建设，探索区域可持续、可复制推广的秸秆综合利用技术、模式和机制。

《关于印发农业综合开发区域生态循环农业项目指引（2017—2020 年）的通知》，在总结年度试点工作经验的基础上，对国家农业综合开发专项投资扶持方向作出重大调整，从 2017 年起集中力量在农业综合开发项目区推进区域生态循环农业项目建设，其中对农作物秸秆进行基料化利用是重要支持内容。建设内容主要包括基质原料制备车间、基质生产和储存车间、菌棚等，以及原料粉碎、菌种制备、灭菌、接种等机械设备等。

2019 年 4 月 23 日，农业农村部办公厅发布《关于全面做好秸秆综合利用工作的通知》，提出编制年度实施方案、建立资源台账、强化整县推进、培育市场主体、加强科技支撑。目标是推动县域秸秆综合利用率达到 90% 以上或比上年提高 5 个百分点。

（5）畜禽养殖污染治理

2001 年 3 月 20 日，国家环境保护总局发布《畜禽养殖污染防治管理办法》，规定了畜禽养殖污染防治实行综合利用优先，资源化、无害化和减量化的原则。规定了禁止设立畜禽养殖场的区域，畜禽养殖场需要进行排污申报登记，不得超过国家或地方规定排放标准等。

2009 年 12 月 1 日，《畜禽养殖业污染治理工程技术规范》（HJ 497—2009）开始实施，以我国当前的污染物排放标准和污染控制技术为基础，规定了畜禽养殖业污染治理工程设计、施工、验收和运行维护的技术要求。本标准适用于集约化畜禽养殖场

（区）的新建、改建和扩建污染治理工程从设计、施工到验收、运行的全过程管理和已建污染治理工程的运行管理，可作为环境影响评价、设计、施工、环境保护验收及建成后运行与管理的技术依据。

2014 年 1 月 1 日，《畜禽规模养殖污染防治条例》开始施行，从预防、综合利用与治理、激励措施、法律责任等方面对畜禽规模养殖污染防治做出相关规定。畜禽规模养殖污染防治具有一定的法律效力。

2017 年农业部、财政部发布《关于做好畜禽粪污资源化利用项目实施工作的通知》，经过遴选确定了河北、内蒙古、辽宁等 14 个省份的 51 个畜禽粪污资源化利用重点县名单。同年，国务院办公厅发布《关于加快推进畜禽养殖废弃物资源化利用的意见》，提出建立健全畜禽规模养殖环评制度、污染监管制度、属地管理责任制度、养殖场主体责任制度、种养循环发展机制等。同年，农业部印发《畜禽粪污资源化利用行动方案（2017—2020 年)》，力争到 2020 年，建立科学规范、权责清晰、约束有力的畜禽养殖废弃物资源化利用制度，构建种养循环发展机制，畜禽粪污资源化利用能力明显提升，全国畜禽粪污综合利用率达到 75％以上，规模化养殖场粪污处理设施装备配套率达到 95％以上，大规模养殖场粪污处理设施装备配套率提前一年达到 100％。

2020 年 6 月 17 日，农业农村部办公厅、生态环境部办公厅联合印发《关于进一步明确畜禽粪污还田利用要求强化养殖污染监管的通知》。推动落实《农业农村部办公厅、生态环境部办公厅关于促进畜禽粪污还田利用依法加强养殖污染治理的指导意见》（农办牧〔2019〕84 号)，进一步明确畜禽粪污还田利用有关标准和要求，全面推进畜禽养殖废弃物资源化利用，加大环境监管力度，加快构建种养结合、农牧循环的可持续发展新格局。提出畅通还田利用渠道，鼓励畜禽粪污还田利用，明确还田利用标准规范；加强事中事后监督，落实养殖场户主体责任，强化粪污还田利用过程监管；强化保障和支撑，完善粪肥还田管理制度，加强技术和装备支撑。

6.2 农业污染治理政策取得成效

"十三五"以来，农业绿色发展取得新进展，全国化肥农药使用量连续四年实现负增长，畜禽粪污综合利用率达到 75％，秸秆综合利用率、农膜回收率分别达到 86.7％和 80％，全国耕地质量较 2014 年提高 0.35 个等级。

6.2.1 化肥农药零增长行动

化肥是重要的农业生产资料，是粮食的"粮食"。化肥在促进粮食和农业生产发展中起了不可替代的作用，但目前也存在化肥过量施用、盲目施用等问题，带来了成本的增加和环境的污染，亟须改进施肥方式，提高肥料利用率，减少不合理投入，保障粮食等主要农产品有效供给，促进农业可持续发展。为贯彻落实中央农村工作会议、中央 1 号文件和全国农业工作会议精神，紧紧围绕"稳粮增收调结构、提质增效转方式"的工作主线，大力推进化肥减量提效，积极探索产出高效、产品安全、资源节约、环境友好的现代农业发展之路。2015 年，农业部制定了《到 2020 年化肥使用量零增长行动方案》。

农药是重要的农业生产资料，对防病治虫、促进粮食和农业稳产高产至关重要。但由于农药使用量较大，加之施药方法不够科学，带来生产成本增加、农产品残留超标、作物药害、环境污染等问题。为推进农业发展方式转变，有效控制农药使用量，保障农业生产安全、农产品质量安全和生态环境安全，促进农业可持续发展，农业农村部制定《到 2020 年农药使用量零增长行动方案》。

在化肥施用上，到 2020 年初步建立科学施肥管理和技术体系，科学施肥水平明显提升。2015—2019 年，逐步将化肥施用量年增长率控制在 1% 以内；力争到 2020 年，主要农作物化肥使用量实现零增长。在农药用量上，到 2020 年初步建立资源节约型、环境友好型病虫害可持续治理技术体系，科学用药水平明显提升，单位防治面积农药使用量控制在近三年平均水平以下，力争实现农药使用总量零增长。

根据《2020 年中国统计年鉴》农业部分，2015—2019 年全国农用化肥施用量均实现负增长（图 6-1），超额完成化肥零增长行动的目标。

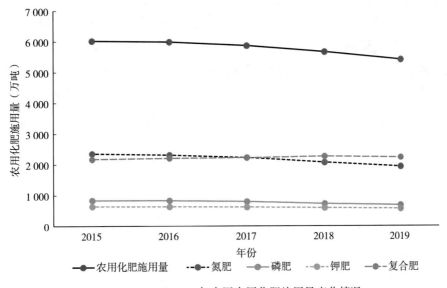

图 6-1 2015—2019 年全国农用化肥施用量变化情况

2015 年以来，农业农村部组织开展化肥农药使用量零增长行动，经过五年的实施，截至 2020 年底，我国化肥农药减量增效已顺利实现预期目标，化肥农药使用量显著减少，化肥农药利用率明显提升，促进种植业高质量发展效果明显。经科学测算，2020年，我国水稻、小麦、玉米三大粮食作物化肥利用率为40.2%，比2015年提高5个百分点；农药利用率为40.6%，比2015年提高4个百分点。

"十三五"期间，各地加快集成推广化肥农药减量增效绿色高效技术模式，探索工作机制与服务方式，为化肥农药用量减少、利用率提升打牢基础。一是投入品结构持续优化。2017年以来，农业农村部开展有机肥替代化肥行动，推进高效低风险农药替代化学农药，2020年有机肥施用面积超过5.5亿亩次，比2015年增加约50%，高效低风险农药占比超过90%。二是科学施肥用药技术加快推广。大力开展测土配方施肥，配方肥已占三大粮食作物施用总量的60%以上；加快推广机械深施、水肥一体化等先进节肥技术，机械施肥超过7亿亩次、水肥一体化1.4亿亩次。大力推进绿色防控和精准科学用药，及时准确预报病情虫情，推广高效植保药械，推行达标防治、对症用药、适时适量用药。2020年绿色防控面积近10亿亩，主要农作物病虫害绿色防控覆盖率为41.5%，比2015年提高18.5个百分点。三是专业化服务提升施肥用药效率。肥料统配统施、病虫统防统治专业化服务组织蓬勃发展，减少个人施肥打药"跑冒滴漏"，提高用肥用药效率。全国专业化统防统治服务组织达到9.3万个，三大粮食作物病虫害统防统治覆盖率达到41.9%，比2015年提高8.9个百分点。四是抓好示范带动减量增效。突出重点区域、重点作物，每年在300个县开展化肥减量增效示范，在233个重点县开展有机肥替代化肥试点，在600个县建设统防统治与绿色防控融合示范基地，在150个县开展果菜茶全程绿色防控试点，同时开展病虫害统防统治"百县"创建、绿色防控示范县创建，集成推广节肥节药技术模式，充分发挥示范县引领作用，带动化肥农药减量增效。五是加强宣传引导提升科学施肥用药水平。组织专家分区域、分作物制定化肥农药减量技术方案，制定科学施肥技术指导意见，发布水稻、小麦、玉米、油菜氮肥施用定额，印发化肥农药科学使用技术手册和宣传挂图100多万份，指导农民和新型经营主体掌握化肥农药减量的关键技术，避免过量、盲目施肥用药。组织开展"百万农民科学用药培训行动"，每年培训种植大户、植保专业服务组织的技术骨干和农民带头人300多万人，带动小农户提高科学施肥用药水平。

6.2.2 畜禽粪污综合利用

我国畜禽粪污治理的法律体系不断健全，从事畜禽规模养殖要严格落实《中华人民共和国固体废物污染环境防治法》《中华人民共和国水污染防治法》《畜禽规模养殖污染防治条例》的要求。

标准规范不断完善，对配套土地充足的养殖场户，粪污经无害化处理后还田利用具体要求及限量应符合《畜禽粪便无害化处理技术规范》（GB/T 36195）和《畜禽粪便还田技术规范》（GB/T 25246），配套土地面积应达到《畜禽粪污土地承载力测算技术指南》要求的最小面积。对配套土地不足的养殖场户，粪污经处理后向环境排放的，应符合《畜禽养殖业污染物排放标准》（GB 18596）和地方有关排放标准。用于农田灌溉的，应符合《农田灌溉水质标准》（GB 5084）。

2020 年，我国畜禽粪污综合利用率达到 75%，规模化畜禽养殖场粪污处理设施装备配套率达到 93%，畜禽粪污资源化利用的步伐明显加快，有力促进了畜禽养殖业生产与环境保护协调发展。畜禽粪便综合利用方式主要分为肥料化、饲料化和能源化三大类，其中肥料化是主要的综合利用方式，占比约为 58%。畜禽粪便肥料化处理中，堆肥处理占大部分，主要是由于畜禽排泄物中含有大量的有机质和矿物质成分，经过堆肥发酵，可以将废弃物中含有的有机质降解，使有机物转变为腐殖质；发酵过程中产生的高温还可以去除粪便中的有害物质。此外，为了进一步增加肥效，减少恶臭物质的散发，还可以利用微生物技术对这些废弃物进行杀菌和除臭。将畜禽废弃物经过一系列的发酵、杀菌和除臭处理后，与适量的复合微肥相结合，制成复合有机肥。将这种肥料用于农田中，可有效促进农作物增长。

6.2.3 农作物秸秆综合利用

21 世纪初，我国的秸秆综合利用率不足 30%，2008 年秸秆综合利用率为 50.97%，2010 年我国秸秆综合利用率达到 70.6%，2015 年更是达到了 80.1%。2020 年，我国秸秆综合利用率达到 86.7%。

截至 2016 年底，全国已建成秸秆沼气集中供气工程 454 处，向农户供气 7.49 万户；建成秸秆固化成型示范工程 1 365 处，年产固化成型燃料近 523 万吨；建成秸秆热解气化集中供气工程 729 处，实现供气 9.8 万户；建成秸秆炭化工程 106 处，年产秸秆炭 28 万多吨。2017 年全国秸秆热解气化集中供气年初 766 处，年末累计 674 处，运行 170 处，供气 7.68 万户，秸秆沼气集中供气年初 454 处，年末累计 431 处，运行数量 272 处，供气户数 6.64 万户。2017 年，国家累计安排秸秆粉碎还田机、捡拾打捆机购置补贴资金 4.57 亿元以支持秸秆还田离田工作。全国秸秆粉碎还田机保有量达到 85.6 万台、秸秆捡拾打捆机保有量 4.68 万台，秸秆还田面积达到 44 953.3 万公顷、捡拾打捆面积 586.7 万公顷。此外，辽宁、吉林、江苏、安徽、四川、陕西、湖北等地安排专项资金，用于秸秆还田和综合利用工作。

为推进秸秆还田，在 150 个全程机械化示范县开展了保护性耕作、秸秆还田离田技术集成示范推广，举办了"京津冀保护性耕作论坛""麦玉两熟区玉米秸秆还田暨小麦少免耕播种机械化技术现场演示会""饲草料机械化生产技术现场演示活动"等系列活动，加强农机手培训，不断提升秸秆机械化还田利用技术应用水平。

根据《第二次全国污染源普查公报》公布的数据显示（图 6 - 2），2017 年，全国秸秆产生量为 8.05 亿吨，秸秆可收集资源量为 6.74 亿吨，秸秆利用量为 5.85 亿吨。秸秆品种以水稻、小麦、玉米等粮食作物为主。按照近年来我国粮食作物种植面积测算，2020 年我国秸秆理论产生量为 7.97 亿吨，可收集资源量约为 6.67 亿吨。

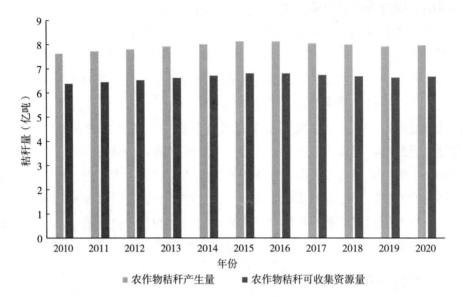

图 6-2 2010—2020 年我国农作物秸秆产生量及可收集资源量

由图 6-3 可知，目前我国农作物秸秆综合利用率为 86.70%，其中秸秆肥料化利用率为 51.20%，饲料化利用率为 20.20%，基料化利用率为 2.40%，燃料化利用率为 13.80%，原料化利用率为 2.50%。在农作物秸秆综合利用中，主要以堆肥处理、饲料化和燃料化为主。

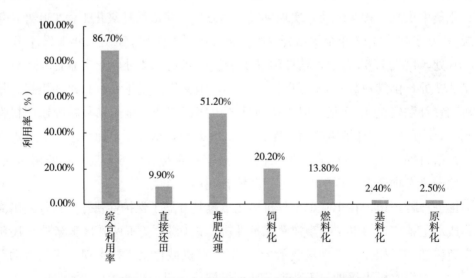

图 6-3 2020 年我国农作物秸秆资源化处理情况

6.2.4 农膜回收行动

为贯彻中央农村工作会议、中央 1 号文件和全国农业工作会议精神，加快推进农业绿色发展，围绕"一控两减三基本"目标，加强农膜污染治理，提高废旧农膜资源化利用水平，2017 年 5 月 16 日，农业部印发《农膜回收行动方案》。通过建设回收利用示范县，探索生产者责任延伸制度，加强科技创新，推动政策体系建设，推进地膜覆盖减量化、推进地膜产品标准化、推进地膜捡拾机械化、推进地膜回收专业化。

2020 年 9 月 1 日，农业农村部等四部门联合印发的《农用薄膜管理办法》开始实施，将对农膜的生产、销售、使用、回收、再利用及监管等环节予以规范。同时，在一些回收试点区和回收率较高的地区，农膜回收利用的良性机制也在逐渐形成。

近年来，我国深入实施农膜回收行动，以西北地区为重点，建设了 100 个农膜回收示范县，推进加厚地膜应用、专业化回收、资源化利用，推动建立经营主体上交、专业化组织回收、加工企业回收、以旧换新等多种方式的回收利用机制。目前，全国农膜回收率达到 80%，重点地区农田白色污染得到有效防控。其中，甘肃农膜回收率达到 81.72%，新疆也初步建立了农膜全程监管模式和体系。

7 全国农业污染源防控问题与对策建议

尽管我国农业污染源防控整体上有了明显提高，但目前取得的成效仍与规划的理想目标存在一定差距，依然面临着局部地区污染加重、农业污染源不受重视、摸底不清的局面没有得到本质性改变的问题，这无疑成为我国农业污染源防控的一大"痛点"。

基于此，针对农业污染防控提出了综合对策与具体对策，以应对完善农业生态环境保护法律体系，以下是本文关于农业生态环境保护法律体系的几点建议。

7.1 问题

7.1.1 农业污染源防控边缘化、环境立法缺位

迄今为止，我国农业污染防控边缘化，环境立法一片空白。目前，我国环境与污染防控立法主要针对城市和工业点源污染，而尚未出台一部专门针对农业农村生态环境保护的法律。即便在现有的《水污染防治法》《土地污染防治法》《固体废弃物污染环境防治法》《水土保持法》以及《清洁生产促进法》等诸多法律、法规中，亦很少关注农业污染源的防控。此外，我国尚未出台单行法律法规来有效应对如农村垃圾处理、畜禽养殖污染、化肥农药污染、土壤污染、恶臭污染防治等问题。农业农村生态环境保护问题"无法可依"的现状，导致无法有效处理环境污染突发事件和环境纠纷（朱海，2019）。

7.1.2 农业面源污染防治意识不强

首先，各地政府大多尚未将农业面源污染的严重性、紧迫性纳入全年工作任务当中进行宣传与关注，造成下属部门及农业生产主体未能清晰认识到农业面源污染的重大危害，故对农业污染防控意识淡薄，对开展农业面源污染防控治理的积极性、主动性及参与度严重不足。其次，农民片面地追求短期经济效益意识强烈。农民受农业污染知识匮乏及传统观念的影响，宁愿不合理或过度地施用化肥、农药，也不愿对化肥、农药减量，使得种植业农业污染防控落地面临着巨大困难。最后，农民在不同程度上尚未改变原有的随意丢弃农业废弃物和生活垃圾的习惯，缺少对已建成的农村环保设施的爱护，进而导致农业面源污染防控政策措施到位难。

7.1.3 农业环境污染防治技术研发不够、人力物力财力投入不足

从国内形势来看，农业环境污染防治技术鲜有机构、部门、组织及个体真正研发与推广，但毫无疑问，农业污染防治核心技术是农业可持续发展最有力的武器，是我国农业发展的根本出路。一方面，农业农村污染防控是一项十分复杂的系统工程，在各个行业、不同领域中广泛交错，信息量非常庞杂。因此，我国农业环境污染防控仅仅依靠农业农村部门的努力难以实现。短期完成农业污染防治技术研发较困难，要使农业污染防治技术不受制于人，最为关键的是需要长期持续的投入人力、物力、财力。另一方面，农村环境也面临着治理投入不足的窘境。长期以来，我国环境保护始终延续着"谁污染、谁治理"的传统政策。鉴于我国农村基本情况，农民是造成环境污染的主体、环保投入的主体，但让农民除了生产投入之外，继续为污染防治投入较困难。同时，政府获得的有限环保财政资金也主要投入在更为重要的城市和工业污染上，对农村环保投入少之又少。历史欠账多，落后的基础设施与日益加大的污染负荷之间的矛盾日益突出，直接导致了农村环境污染的加剧。

7.1.4 缺乏有利于农业污染防控的经济与政策激励机制

目前，我国农业污染防治已经得到了各界的广泛关注与支持，但我国现行的农业环境污染防控政策因尚未充分考虑到农业、农村、农民的实际情况和需求，缺乏产前生产资料生产、产中生产资料使用、产后生产资料包装废弃物资源化处理等一系列有效运转机制，同时缺乏行之有效的经济与政策激励机制来激励不同利益群体参与的积极性（杨滨键等，2019）。此外，当前的经济激励政策大多是在某一节点和环节上建立环境保护机制，无法解决当前日益突出的农业面源环境污染问题。例如，一些地方政府采用污染防治激励制度，统一对农药包装物进行收集与回收，但只是从分散的污染转变为集中污染，收集后的"出口"问题没有得到本质上解决。污染物经过长期堆积及雨水作用，会对土地造成更严重的污染。

7.2 综合对策与建议

7.2.1 完善农业污染防控法律法规体系

一是构建农用地膜污染防治法律法规体系。随着地膜技术的迅速推广使用，在为我国农业生产带来巨大经济效益的同时，地膜残留的危害也日益突出，但我国当前尚未制定有关地膜污染防治的法律体系，土壤残膜污染在农田当中随处可见。因此，迫切需要制定农膜污染防治法律体系。一方面，严格执行国家强制性标准《聚乙烯吹塑农用地面覆盖薄膜》，规范企业生产行为，严禁生产非标地膜，同时加强政府监督管

理工作，制定相关标准将非标地膜企业列入打假清单当中。另一方面，要建立政府扶持、市场主导的地膜回收利用体系。按照"谁购买谁交回、谁销售谁收集、谁生产谁处理"原则，建立健全地膜生产者责任延伸制度，鼓励地膜回收利用体系与可再生资源、垃圾处理、农资销售体系等相结合，就近就地、合理布局，确保环保达标。

二是构建农业污染防治法律法规体系。首先，构建顶层设计，修正《农业法》中不合理的部分。从国家层面建立健全《农业面源污染防治法》，明确指导思想、基本原则、工作目标，落实完成农业污染防控主要任务。其次，适时评估并完善农业面源污染防治与监督监测相关标准。引导各地制定适合当地的种植业污染治理、水产养殖业尾水排放等标准规范。同时，以促进畜禽粪污资源化利用为导向，健全畜禽养殖污染治理标准体系，加强养殖场户环境监督管理（佚名，2021）。最后，对于已经不能适应当前技术经济发展水平和保护农业环境需要的标准，应当及时修正。同时，还要根据实际需要制定满足当地发展要求的一些新的标准规范。

三是构建农业生态补偿机制与法律法规体系。在贯彻落实国家农业生态保护补偿法律法规的基础上，加快制定符合各省实际状况的农业生态补偿法规，要按照法律效应明确农业生态补偿范围、补偿主体、补偿项目等。同时要明确农业生态补偿的责、权、利，进一步创新农业生态长效补偿机制，加大生态补偿资金的投入，从而促进经济效益与环境效益协调统一。

7.2.2　宣传教育、提高农民环保意识

环境保护教育在我国虽已深入人心，但对农村污染防控教育宣传工作还显得十分薄弱。我国农民环境保护意识普遍缺乏，导致化肥、农药、秸秆、畜禽粪便等造成的环境问题日益突出。因此，解决我国农村环境污染问题的首要任务是面向乡镇和农村积极开展农业污染防控宣传教育工作，让农民树立强烈的环境保护意识，调动农民参与农村环境污染防控的主观能动性。具体而言，坚持从农村、农民的实际情况出发，充分利用广播、报纸、电视、网络等各种载体对农村环境污染存在的紧要问题及其危害进行宣传和普及，并告知农民农业生产中面源污染的防治措施，让农民认识到农业环境污染防控工作的重要性、紧迫性，进一步唤起农民的生态意识和可持续发展意识，增强全民生态环境保护的责任感和使命感。

7.2.3　进一步加大农业污染防控投入力度

农村环境保护与农业污染防控具有典型的公共物品属性，面临着污染防控研发周期长、风险性高、回报率低的问题，导致私营部门不能获得科技转化的全部收益而不愿进行基础研究投入，进而造成农业污染防控低效。但目前我国农业污染防控迫在眉睫，仅仅依靠私营部门进行农业污染防控几乎不可能实现，亟须国家给予大量的人

力、物力、财力等支持核心技术研发。进一步加大对农业面源污染防控技术创新与研发领域的倾斜程度，从根本上解决农业污染防控技术的问题。因此，中央财政应适当加大基础性研究投入，把农业面源污染防控和农村环境保护研究摆在国家工作的重要位置，通过产权激励、市场激励和政府激励这三方制度，共同推进我国农业污染防控朝着更好方向发展。

近年来，我国已经高度重视农业污染防控问题，并给予了相关资金和项目倾斜，但从当前实际情况来看还远远不够。建议地方要加强与高校、科研院所合作，整合科技资源，加快以农业面源污染调查、监测、评估技术为重点的联合攻关。同时需要国家适当加大转移支付的力度，保证政府对农业污染防控有充足的资金来源。此外，也要鼓励地方政府与社会资本进行合作，进一步扩展资金渠道并进行项目统筹整合，从而引导社会资本投向农业面源污染防治领域。

7.2.4 创新多方位农业环境防控机制

一是构建农业绿色发展制度体系。认真贯彻落实中共中央办公厅、国务院办公厅印发的《关于创新体制机制推进农业绿色发展的意见》，建立农业产业准入负面清单、耕地休耕轮作、畜禽粪污资源化利用等制度，建立绿色补偿激励机制，鼓励农户在农业生产中采用环境友好型的农业生产技术。目前，我国农村每年产生的大量秸秆、畜禽粪污、生活垃圾与污水等，均可通过现有成熟技术和工艺生产出优质有机肥。因此，通过财政补贴、技术支持、技术培训等多种经济激励手段，鼓励人们生产、使用有机肥，实现资源循环利用，减少环境污染是十分有必要。二是构建需求激励制度。随着人们生活水平的提高以及对健康服务的需求日益增长，消费者对观光农业、有机绿色无公害农产品的需求程度也逐渐提高。因此，有力地激发了农民自发生产有机绿色农产品，在一定程度上减少了农药、化肥的肆意乱用，对农村环境保护和污染防控工作起到关键性作用。三是构建多元环保投入制度体系。建立健全以绿色生态为导向的农业补贴制度，推动中央资金投入向农业农村领域倾斜。

7.3 具体对策与建议

目前我国的农业面源污染尚未形成科学完善的污染控制防控体系，未制定面源污染评价分级、控制措施和技术标准。针对我国面源污染情况，需要依照不同污染源、污染程度进行面源污染等级评定；列出不同污染源和污染物可实施的面源污染控制技术清单；规定面源污染控制技术的标准执行流程，通过建立模型等技术对不同等级的面源污染提出相应的治理方案；然后进行因地制宜的环境勘察，开展面源污染定期监测，确定当地面源污染等级，进行技术选择。

对于农业面源污染的治理主要遵循源头减量、过程拦截、末端治理、循环利用的路径，坚持以小流域或集水区为基本单元开展综合防控，坚持以低成本、无动力和生态化为基本治理思路，坚持资源循环利用和强化工程后续运行维护管理。

7.3.1 治理路径

(1) 源头减量

农业面源污染的主体是种植业和畜禽养殖业，面源污染的特点是污染物进入水体和大气，具有传播性、隐蔽性和治理困难性，故进行源头减量是最有效的方式，包括生产方式的绿色转变、生产资料的减量增效、污染责任主体的明确等，后续将分种植业、畜禽养殖业、水产养殖业具体说明。

(2) 过程拦截

经过源头减量后，还有部分污染物随地表径流向下游迁移汇聚，在此过程中主要利用水流迁移路径中的沟、渠和塘系统，通过建设生态拦截沟、拦水坝、透水坝、在沟渠底部修建挡水坎和建设微型生态池塘湿地等技术措施，降低氮、磷污染物向下游迁移。河流氮的输出强度随河道宽度的增加呈现出显著的幂函数下降趋势，即河道越小，其对氮的消纳能力越强。因此，充分发挥我国南方地区发达河网系统的生态作用是解决农村面源污染问题的重要途径。

(3) 末端消纳治理

①导流至天然湿地或人工湿地。在地表径流进入大型河道或湖库等大水体之前，如果水质仍未达到标准要求，可以在集水区或小流域出口构建导流系统，将从农区出来的地表径流导入附近一个面积较大的池塘或天然湿地系统，再对出水进行进一步净化处理后排入目标水域。若小流域出口无合适的小型天然塘库湿地，也可以新建一个多级人工湿地系统，并根据当地的自然条件，在湿地中配置一定比例的有较强水体净化功能的水生动植物，对地表径流实行进一步的净化处理。

②生态治理工程。水生植物组合消纳技术、水产生态养殖技术、水生植物饲料化利用技术等也可以与乡村环境治理工程密切结合，将其打造成休闲娱乐景观。

(4) 资源循环利用

对环境污染物本身的利用，如人畜粪污的肥料化利用；对治污过程中形成的中间产物的资源化利用，如对生态拦截植物生物质的饲料化或肥料化利用（李远航等，2018）；对治污工程（沟塘湿地）底泥的肥料化利用。在污染源头实施畜禽养殖场粪污肥料化利用技术，在农户分散型居民生活污水处理工艺中鼓励发展以家庭为单位的庭院小型果菜园，就近实现粪污水的综合利用和减排。对生态拦截沟渠中的水生植物定期收割并饲料化利用，小流域或集水区尾端的生态湿地以人放天养的方式发展湿地鱼菜经济等，这些均是行之有效的污染物资源循环利用途径。目前的资源化利用技术虽理论上可行，但部分经济效益低或劳动力成本高，难以得到有效推广，如植物生物质的肥料化利用、利用畜禽固废养殖黑水虻和蚯蚓等动物蛋白转化技术、利用养殖粪污水生产新型能源物质或化工原料技术等，故需要进一步研发切实可行的农业废弃物高效资源化利用技术。

7.3.2 防控原则

（1）坚持以小流域或集水区为基本单元开展综合防控

就近解决种植业与畜禽养殖业、上下游治理措施的衔接问题，有效降低治理成本的同时最大程度提升治理技术措施或工程的治理效率。从 2015 年开始，国家发展改革委与农业农村部联合部署了农业环境突出问题治理专项"典型流域农业面源污染综合治理试点建设项目"，贯彻了流域综合治理的重要理念，该项目连续执行三年（2016—2018 年），2019 年调整为"长江经济带农业面源污染治理专项"，治理思路仍然保持基本一致。小流域治理的设计规模应大小适中，一般集水区面积控制为 5～10 千米^2，同时结合实际情况调整划分原则。如在南方平原河网区，由于地势低洼、河网密布、诸多区域的沟渠系统灌排两用，水系汇集方向因时而变，更适合依据产业布局或生产管理的行政区域（如村组）作为划分治理区域的原则，区内应尽量涵盖种植、养殖和加工等多个农业产业环节。

（2）坚持低成本、无动力和生态化的基本治理思路

我国农村地区主要采用家庭联产承包责任制，生产单元小而散，集体经济不够发达，经济条件有限。污染治理作为公益性工程，依靠以小农户为主的经济体投入并不现实，而以国家为主的长期投入则负担过重。因此，一方面要坚持应用以低成本、无动力或微动力的工程技术为主；另一方面必须强化生态化的治理理念，尽量减少工程投入，充分利用自然力量。农业面源污染生态治理技术主要包括污染物生态拦截技术、生态湿地消纳技术和生态拦截植物处理与资源化利用技术等。在北方地区主要以减少坡地泥沙及氮、磷养分流失为主，栽植的植物建议以有水土保持功能的旱生丛生草本或低矮小灌木为主，而在南方地区则可以充分利用自然定植的野生植物，综合考虑景观需求、污染物来源特征、季节互补、实际拦截效果和经济效益兼顾等多种因素进行选择性组合，形成不同的植物组合模式（王丽莎等，2017）。

（3）坚持资源循环利用和强化工程后续运行维护管理

农业面源污染的核心是氮、磷流失的问题，而氮、磷对于农业又是有用的养分资源。因此，农业面源污染的治理可以通过资源循环利用最大限度地减少氮、磷向下游的迁移或流失。持续推广具有环保意义的种养结合技术对于推动区域经济发展并促进良性农业产业链条形成具有重要意义。利用生态治理工程本身的部分公共资源开展适当的生产活动，如利用生态湿地或生态池塘开展无投喂或少投喂的水产养殖（李裕元

等，2017）、研发农业面源污染防控中间产物的高值转化技术，对于缓解生态治理工程建成后的后续运行维护资金来源问题、保障其治理效果具有重要意义。将生态治理工程的植物资源化利用权（工程收益权）委托给特定的农业企业或者专业合作社，使治理工程的中间产物（如动植物产品）作为企业生产的部分原料加以利用，在适当降低生产成本的同时降低了工程维护费用。

7.3.3 种植业污染防控

（1）推动种植业发展方式转变

坚持创新发展理念，大幅度增加农村环保资金投入，推进种植业适度规模经营，创新土地流转机制，将土地的"碎片化"管理转为集中管理，发展农村种植业多种形式的适度规模经营，推进种植业的现代化水平，提高生产效率，发展生态高效农业与实施土壤的集中治理与保护；推进化肥农药减量增效。一方面，政府部门加强推广使用有机肥，建立、宣传与支持有机肥使用示范户，引导与鼓励种植户施用有机肥，减少无机化肥施用量；另一方面，加强对现代职业农民的种植技术培训，提高科学施用农药、化肥的技术，实现减量同效或增效的可持续施肥用药的种植技术。同时，建立国家农药化肥等农资产品生产技术创新中心，并支持农药化肥等农资产品生产企业进行绿色生产技术创新与攻关，控制低质农药、化肥、农膜进入市场，从源头上降低农村环境污染威胁；创新农膜回收机制，试点与推广"谁生产、谁回收"的农膜生产者责任延伸制度；积极探索与实施财政经费支持与环保监管强制结合的"以旧换新""经营主体上交""村办回收点""加工企业回收"等多方式的农膜环保回收利用模式（马骥等，2017）。

（2）培育种植业面源污染防治主体

在现有农作物病虫害统防统治专业队、农民合作社的基础上，培育种植业面源污染防治服务组织，提供有机肥购销、农作物病虫害统防统治、农用塑料薄膜回收利用、农作物秸秆回收加工、种苗统育统供等服务。探索政府购买服务模式，为有机肥生产企业、专业植保组织等提供补贴，加快有机肥替代和生物农药推广。发挥种粮大户、家庭农场和专业合作社等新型经营主体的示范作用，改进机械施肥和施药方式。对于水肥条件较好的连片产区和新建园区，在增施有机肥的同时，促进"有机肥＋水肥一体化"模式的示范推广，提升设施农业肥料施用水平，提高水肥利用效率。同时，注重农药施用安全间隔期，使农产品农药残留控制在安全范围内，实行农作物病虫害统防统治与绿色防控，提高专业植保社会化服务水平。

（3）加大种植业面源污染防治投入

将种植业面源污染防治经费列入地区财政预算，增加种植业面源污染防治投入。把种植业面源污染防治纳入政府年度目标责任考核，对各项具体任务的落实情况进行绩效评价。化肥、农药和农膜等一系列农资产品，应加大绿色环保技术的研发和应用投入，加快推行测土配方精准施肥、高效植保机械、绿色防控等技术，防止低劣化学投入品进入农资市场，加快环境友好型地膜研究，降低可降解地膜成本，用可降解地膜替代传统地膜。设立专项基金，对有机肥、生物农药、农用塑料薄膜回收、秸秆资源化利用等方面进行补偿。

（4）发展农田面源污染防控技术

源头总量控制是根本。对于种植业面源污染，在不影响农业产量和效益的前提下，通过优化农艺管理措施，达到从源头上控制化肥农药用量、减少土壤扰动和农田出水、控制农业面源污染产生的目标。主要包括肥料高效施用技术等。在传统施肥技术的基础上，结合灌溉、耕作等田间管理措施和工程措施等，形成针对性较强的面源污染综合防控技术，是目前种植业污染防控的一种发展趋势（武淑霞等，2018）。

（5）推行种植业绿色生产

按照种植业绿色发展产地环境安全、生产过程安全、产品质量安全的要求，推行种植业绿色生产方式，制定与产地环境、投入品、产中产后安全控制、作业机械与工程设施、农产品质量等相关的种植业技术标准。建立农产品生产管理规章制度，按不同农作物种类，制定农产品生产技术操作规程，加强种植业绿色生产技术示范基地建设。推广节肥、节药、节水等技术，如化肥与农药减量技术、秸秆和包装品回收与资源化利用技术，减少化学投入品用量。优化配置肥料资源，推广测土配方施肥，鼓励使用有机肥、生物肥料和绿肥等，合理调节肥料中的养分比或更换新型肥料（王一格等，2021），从而提高养分利用效率，减少养分地表径流流失。推行使用高效低毒低残留农药和先进施药机械。以种植业绿色生产为切入点，执行农产品生产标准，推进无公害农产品、绿色农产品、有机农产品的产地认定与产品认证，完善农产品质量认证体系，增加安全优质农产品供给。

（6）促进种植业生态循环发展

改进种植业发展方式，推动生态循环发展。以秸秆资源化利用、农用塑料薄膜回收利用等为重点，提高投入品利用效率，促进种植业废弃物资源化利用。实施太阳能、沼气等清洁能源工程，应用生物技术，实现产气和积肥同步，种植与养殖结合，提高农村资源利用率。政府应对种植业废弃物收集、储存、加工利用等环节的主体予以补偿和优惠政策支持，联通废弃物收储、加工与销售等各环节，提升生态循环产业价值。在种植业废弃物收储环节，执行"谁收储、补偿谁"的规定；在废弃物加工利用环节，实施"按量补贴"的制度；在加工产品销售环节，实行"即征即退"的税收优惠政策。

（7）强化种植业面源污染防治监管

健全种植业投入品管理制度、农产品生产记录档案制度和日常巡查检查制度，加强种植业各生产环节的监管力度。聚焦化肥、农药、农膜、添加剂、抗生素等问题，深化专项整治，严厉打击经营假劣农资违法行为。督促经营主体依照标准进行规范生产，合理施肥用药，严格执行禁限用规定和休药间隔期等制度，履行生产安全责任。完善农产品监测网络，形成包含政府主管部门、农民合作组织、企业、农户等相关者参与的监管主体。推行农产品质量安全追溯管理制度，控制环境风险，构建农产品质量安全信用系统。实行农产品质量安全例行监测和监督抽查，定期对农田、果菜茶园、绿色农产品生产基地等开展监测和抽查，对农民专业合作社、龙头企业、种植大户等进行重点监督检查，建立农产品产地环境监测预警机制（包晓斌，2019）。

7.3.4 畜禽养殖业污染防控

(1) 加强法制建设、完善政策措施

加大《畜禽规模养殖污染防治条例》《农业法》《环保法》等法律法规和养殖环保意识的宣传力度，并贯彻落实相关惩治制度、主体责任。根据各地实际情况制定地方性畜禽养殖业环境污染的管理法规，颁布标准，进行监督，切实做到有法可依、违法必究、以管促治。建立完善的畜禽养殖污染监督、治理等技术规范和标准。依法明确农业农村部门的职能定位，围绕执法队伍、执法能力、执法手段等方面加强执法体系建设，坚决实施兽药、饲料产品质量抽检结果通报制度，加大公开曝光力度，强化社会监督作用，推行畜禽养殖场建设审批制度。

(2) 加大资金投入、建设配套设施

我国畜禽养殖业利润空间较小，大多经营主体缺少污染治理的能力和动力，政府应从多方面、多角度拓宽畜禽养殖污染防治经费的渠道，加大养殖废弃物资源化利用相关项目的资金投入力度。推动落实环保金融、免赋税等扶持政策。一方面加大对畜禽养殖业污染治理技术研究资金投入和政策支持，鼓励科研工作者进行废弃物资源化利用和无害化处理的研究；另一方面对治污处理设施设备的建设资金给予补助政策，对规模化畜禽养殖场，根据污染防治需要，采取政府拨款＋养殖场企业主配套投入方式，配套建设粪便污水贮存、处理、利用设施；对散养密集区，采取政府独资方式建设粪便污水贮存、处理、利用设施，支持畜禽粪便污水分户收集、集中处理利用，实现规模化畜禽养殖场和散养密集区协调发展。对重污染养殖区进行严厉惩处，对低污染养殖区进行奖励和补贴，同时加大资金和补贴监管力度，防止"环保套利"（李万桥，2018）。

(3) 科学合理规划、协调养殖布局

畜禽养殖场在建立和发展过程中要严格按照环境保护法律法规要求充分考虑资源、环境、交通等相关因素，做到选址得当，合理规划养殖畜禽种类、规模和布局。一方面，要尽快依法关闭或搬迁禁养区内的规模化畜禽养殖场和畜禽养殖专业户；另一方面，尽可能将养殖场建在远离城镇、人口集中区、企事业单位的地区，远离江河溪流及地下水丰富的地方，控制污染源。新、改、扩建的规模化畜禽养殖场，严格要求环保措施的实施和设备的建设，并依法按照严格的标准进行环保测评，从源头控制新污染的产生。借鉴欧洲制定的畜禽养殖场农田最低配置，畜禽养殖场产生的粪便必须与周边可蓄纳畜禽粪便的农田面积相匹配，并对畜禽养殖场污水处理池容量、密封性等方面进行严格规定以控制面源污染（张维理等，2004），根据养殖规模严格配套相适应的消纳用地和设施，积极推行源头减量、过程控制、末端利用的治理路径，创新集成并推广一批高效实用处理模式。

（4）推进清洁生产、规范肥料使用

随着我国畜禽养殖业不断发展，各地养殖户应根据自身养殖条件和环境条件，科学选择合理的清洁生产模式组织生产，养殖户应注意加强现代清洁技术的引入和应用，如饲料营养调控减排技术、栏舍管理减排技术、粪污水肥料化利用技术、利用养殖粪污生产动物蛋白技术。通过使用优质饲料，加强畜禽清洁养殖管理等措施，综合减少畜禽养殖过程中污染物的产生（关士光，2018）。配制饲料时要综合考虑畜禽的生产性能、资源再利用和环境污染问题，如采用理想蛋白模型平衡饲料中各养分，有效提高了饲料转化率，减少粪尿中氮的排出量以降低污染。坚决反对滥用兽药和添加剂，严格控制微量元素、重金属添加剂的使用量，禁止使用对人体有害的兽药和添加剂，提倡使用益生素、酶制剂、天然中草药等。尽量少用或不用污染环境的消毒药物，如强碱、强酸、醛类等，使用高效、低毒广谱的消毒药物。

（5）推行种养结合、加强废弃物资源化

协调发展理念，推动种养业循环发展，种养有机结合，实现农村畜禽养殖业和水产养殖业与种植业企业内部结合，农、林、畜牧业与观光旅游农业的结合与循环发展，促进农村环境的清洁环保与产业发展。畜禽养殖大县和规模化畜禽养殖场应以养殖废弃物资源化利用为重点，支持、动员现有畜禽规模养殖场建设完善粪污收集利用和病死畜禽无害化处理设施装备，鼓励在养殖密集区建设集中处理中心和专业无害化处理场。加强粪便堆肥还田、沼气化、发电的资源化利用的研究和技术推广（杜娟，2019），加快病死畜禽尸体无害化处理新技术的研究和推广，如热解炭化后作为肥料和燃料的资源化利用。

7.3.5 水产养殖业污染防控

（1）优化养殖模式

生态养殖的运行模式可以有效解决水环境中氮的不平衡问题。随着社会经济发展，生态养殖模式也日渐多元化，其中包括猪鱼生态养殖、稻田共生、生物链等模式，涉及生态平衡、物种共生、食物链等多方面内容。如在稻田共生模式中，以物种共生理论为基础。目前常见的稻田养虾蟹、稻田养鱼等模式皆取得了较好的应用效果。

（2）发展养殖技术

养殖技术应用不当是造成水体污染的主要原因，过度投饵、药剂滥用等现象都加剧了水体污染。因此，可根据实际需求控制饲料、饵料的投喂量。首先，加强对饵料营养结构的分析，科学配备，可适当调整碳水化合物的比例，降低水体中的氮含量。其次，多次少量投喂，避免投喂过量造成饵料残余。最后，为保证产量，应结合养殖品种营养需求及生长周期，制定科学的投喂方案。在此基础上，需优化渔药使用方案，避免渔药过度使用破坏水体生物分布结构。加大资金投入，发展水体立体养殖技术、水域分区养殖和水质原位净化技术等养殖和污染控制先进技术等。

（3）合理规划养殖密度

水体污染产生原因之一便是有机负荷过大，超过了水体自净能力承受范围。粗放型养殖模式增加了养殖品病害的风险，生物遗体、生物代谢物等含量过大，破坏了水体环境的生态平衡（刘明庆等，2019）。而目前养殖户人员素质不一，其养殖过程存在一定的不合理之处，养殖密度与养殖面积不匹配等问题日益严重，从而对水体环境造成了不可逆的损伤。因此，为保持水体环境的生态平衡，应当合理规划养殖密度，结合成活率、养殖品生长特性、水源、水质及管理水平等多方面进行综合考量，适当地降低或增加养殖密度。

（4）降低药肥污染

目前，淡水养殖中为增大产量并维持养殖物正常生长，会大量施用药肥，药肥含有的化学物质会污染水环境。因此，可引入海洋生态混养模式，构建生态循环系统，降低药肥污染。海洋生态混养可有效解决水产养殖业造成的环境污染问题，由加拿大提出，后经推广取得了一定的应用效果。在淡水虾养殖中也可引入该生态模式，如耿营村"莲藕＋鱼＋鹅＋龙虾"立体种养，打造生态混养新模式，整个养殖过程中不投饵，鹅、鱼的活动可以增强莲藕底泥的透气性，促进莲藕和龙虾的生长，提高莲藕和龙虾的产量，而鹅的排泄物和莲藕的一些烂根腐叶又可为鱼类和龙虾提供饵料。这种生态混养模式既为市场提供了新鲜莲藕蔬菜，又为市场提供了优质水产品，是农民养殖专业户提高养殖收益，丰富市场的一种有效途径（布冬梅，2020）。

（5）实施污染治理

对于已经受到水产养殖污染的水体，可采用更换水体、植入净化菌种、臭氧净化等方式进行污染治理。

①更换水体。引入新鲜水源，对原水池中的水体采取净化措施进行循环利用。异位生态恢复可用于小型面积养殖池，但由于投入成本较高，在大型养殖池中并不具备经济可行性。

②植入净化菌种。在淡水养殖中，水体的富营养化现象会影响水环境的生态平衡。根据相关标准，当水体中磷总量大于或等于0.02毫克/升、无机氮含量超过0.3毫克/升，则视为水体处于富营养化状态。可采用蓝藻酶抑制剂促进蓝藻细胞的分解，进行生态修复，遏制水体的富营养化，保持水体环境的生态平衡。在此期间，通过净化菌种的植入可快速的改善水质，并且投资成本较低（孙胜香，2019）。

③臭氧净化。臭氧具有强氧化性，可将水体中亚硝酸盐、硫化氢等有害物质转化成一氧化氮、二氧化硫等无毒气体，从而达到污染治理的目标。同时，臭氧还可使水体增氧，促进水体环境的氧循环，为水生动植物提供一个良好的生活环境。但使用中需要注意臭氧的使用剂量，避免过量使用起到相反的作用。此外，温度环境也会影响臭氧的净化效果，一般来说，臭氧溶解度会随着温度的升高而增大。因此，在使用臭氧净化水质时，应当结合水体环境制定使用方案，并控制水体臭氧浓度，避免单位时间内臭氧浓度过高对水生生物产生毒害作用。

参 考 文 献

包晓斌，2019. 种植业面源污染防治对策研究 ［J］. 重庆社会科学，4 (10)：6 - 16，2.

边莉，杨帅，杨晓丽，等，2020. 黄河水污染及治理对策研究 ［J］. 晋中学院学报，37 (6)：37 - 40.

布冬梅，2020. 水产养殖中水环境污染原因与防控 ［J］. 中国科技信息，4 (11)：60 - 61.

杜娟，2019. 畜禽养殖业排泄物的污染及防治对策 ［J］. 现代畜牧科技，4 (12)：145 - 146.

方晓红，2021. 加快推进农业科技创新 ［J］. 农家参谋，4 (13)：23 - 24.

高尚宾，2018. 中国农业污染研究 ［M］. 北京：中国农业出版社.

关士光，2018. 畜禽养殖业的清洁生产与污染防治对策研究 ［J］. 中国畜牧兽医文摘，34 (6)：19.

李万桥，2018. 畜禽养殖污染问题及对策探讨 ［J］. 吉林畜牧兽医，39 (2)：53 - 54.

李裕元，李希，孟岑，等，2021. 我国农村水体面源污染问题解析与综合防控技术及实施路径 ［J］. 农业现代化研究，42 (2)：185 - 197.

李远航，刘洋，刘铭羽，等，2018. 稻草—绿狐尾藻复合人工湿地技术处理养猪废水综合效益分析 ［J］. 农业现代化研究，39 (2)：325 - 334.

刘爱华，叶植材，2020. 中国统计年鉴 ［M］. 北京：中国统计出版社.

刘华辉，张开翼，曹嘉城，2021. 区域全面伙伴关系协定对我国农产品贸易的影响及对策——基于全球贸易分析模型的模拟分析 ［J］. 江苏商论 (7)：45 - 48，56.

刘明庆，席运官，陈秋会，等，2019. 水产养殖环境管理与污染减排的政策建议 ［J］. 中国环境管理，11 (1)：90 - 94.

刘永红，叶顺法，许晨昊，等，2016. 农业面源污染对耕地土壤环境造成的危害 ［J］. 中国农业信息 (12)：100 - 103.

刘远，王芳，张正涛，等，2021. 中国七大地区"气候变化—作物产量—经济影响"综合评价 ［J］. 气候变化研究进展，17 (4)：455 - 465.

马骥，2017. 农村环境污染的根源与治理：基于产业经济学视角 ［J］. 新视野，4 (5)：42 - 46.

孙胜香，2019. 环境内分泌干扰物影响鱼类脂代谢的生物学机制探究及对鱼类消费人群的健康危害风险评估 ［D］. 上海：华东师范大学.

陶园，徐静，任贺靖，等，2021. 黄河流域农业面源污染时空变化及因素分析 ［J］. 农业工程学报，37 (4)：257 - 264.

王金武，唐汉，王金峰，2017. 东北地区作物秸秆资源综合利用现状与发展分析 ［J］. 农业机械学报，48 (5)：1 - 21.

王丽莎，李希，甘蕾，等，2017. 亚热带丘陵区湿地水生植物组合模式拦截氮磷的研究 ［J］. 生态环境学报，26 (9)：1577 - 1583.

王一格，王海燕，郑永林，等，2021. 农业面源污染研究方法与控制技术研究进展 ［J］. 中国农业资源与区划，42（1）：25 - 33.

韦新东，杨昊霖，薛洪海，等，2021. 长江流域农业面源磷污染排放特征与防治技术研究 ［J］. 吉林建筑大学学报，38（2）：48 - 52.

武淑霞，刘宏斌，刘申，等，2018. 农业面源污染现状及防控技术 ［J］. 中国工程科学，20（5）：23 - 30.

杨滨键，尚杰，于法稳，2019. 农业面源污染防治的难点、问题及对策 ［J］. 中国生态农业学报（中英文），27（2）：236 - 245.

佚名，2021. 农业面源污染治理与监督指导实施方案（试行）［J］. 资源节约与环保，4（4）：8 - 9.

袁平，2008. 农业污染及其综合防控的环境经济学研究 ［D］. 北京：中国农业科学院.

张维理，冀宏杰，KOLBE H，等，2004. 中国农业面源污染形势估计及控制对策Ⅱ. 欧美国家农业面源污染状况及控制 ［J］. 中国农业科学，4（7）：1018 - 1025.

赵玉婷，许亚宣，李亚飞，等，2020. 长江流域"三磷"污染问题与整治对策建议 ［J］. 环境影响评价，42（6）：1 - 5.

朱海，2019. 我国农村环境污染问题立法研究 ［J］. 黑龙江环境通报，43（2）：6 - 10.

朱莉静，2015. 中国水果产区分布概况 ［J］. 营销界（农资与市场）（5）：51 - 52.

图书在版编目（CIP）数据

全国农业污染源形势分析／农业农村部农业生态与
资源保护总站编著. —北京：中国农业出版社，2022.3
（第二次全国农业污染源普查系列丛书）
ISBN 978-7-109-29210-9

Ⅰ.①全… Ⅱ.①农… Ⅲ.①农业污染源－调查研究
－中国 Ⅳ.①X508.2

中国版本图书馆 CIP 数据核字（2022）第 043034 号

中国农业出版社出版

地址：北京市朝阳区麦子店街 18 号楼
邮编：100125
责任编辑：郑 君 文字编辑：姚 澜 郑 君
版式设计：杨 婧 责任校对：刘丽香
印刷：中农印务有限公司
版次：2022 年 3 月第 1 版
印次：2022 年 3 月北京第 1 次印刷
发行：新华书店北京发行所
开本：787mm×1092mm 1/16
印张：7.5
字数：180 千字
定价：68.00 元